小学6年生

データの活用にぐーんと強くなる

学習指導要領対応

KUMON

目次

この本では，少し難《むずか》しい問題には，◇マークをつけています。

マークのついている問題は，電卓《でんたく》を使って計算してもよいです。

小学6年生

1 データの調べ方 1

平《へい》均《きん》値《ち》

得点

点

答え 別冊《べっさつ》2ページ

覚えよう

データの平均の値《あたい》のことを，平均値《へいきんち》といいます。

平均値《へいきんち》＝データの値《あたい》の合計÷データの個数

いくつかの集団のデータを比べるときに，それぞれの集団のデータの平均値《へいきんち》を使うことがあります。

電卓《でんたく》を使って計算してもいいよ。

1 下の表は，あるクラスの1班《ぱん》と2班《はん》の人が先月に借りた本の数の記録をまとめたものです。次の問題に答えましょう。 ［1問　15点］

借りた本の記録

1班《ぱん》(冊《さつ》)	4	7	5	10	8	3	12	8	6
2班《はん》(冊《さつ》)	8	11	2	6	13	9	8	3	

① 1班《ぱん》のデータの平均値《へいきんち》を求めましょう。

式 (4+7+5+10+8+3+12+8+6)÷9

＝

答え (　　　　)

② 2班《はん》のデータの平均値《へいきんち》を求めましょう。

式 (8+11+2+6+13+9+8+3)÷8

＝

答え (　　　　)

③ 平均値《へいきんち》で比べると，1班《ぱん》と2班《はん》ではどちらのほうが本をよく借りているといえますか。

(　　　　)

2 下の表は，あるクラスの1班《ぱん》と2班《はん》の人の反復横とびの記録をまとめたものです。次の問題に答えましょう。 ［1問　15点］

1班《ぱん》の反復横とびの記録

番号	回数(回)	番号	回数(回)
1	41	7	36
2	35	8	45
3	39	9	50
4	47	10	43
5	43	11	54
6	52		

2班《はん》の反復横とびの記録

番号	回数(回)	番号	回数(回)
1	53	7	48
2	47	8	44
3	33	9	40
4	39	10	48
5	51	11	53
6	42	12	46

① 1班《ぱん》のデータの平均値《へいきんち》を，$\frac{1}{10}$の位までのがい数で求めましょう。

式

答え（　　　　）

② 2班《はん》のデータの平均値《へいきんち》を，$\frac{1}{10}$の位までのがい数で求めましょう。

式

答え（　　　　）

③ 平均値《へいきんち》で比べると，1班《ぱん》と2班《はん》ではどちらの記録がよいといえますか。

（　　　　）

3 下の表は，A《エー》チームとB《ビー》チームでゲームをしたときの得点をまとめたものです。それぞれの平均値《へいきんち》で比べると，どちらの記録がよいといえますか。 ［10点］

ゲームの得点

A《エー》チーム(点)	18	23	15	16	20	19	12	12	24	17	
B《ビー》チーム(点)	13	19	23	14	17	21	16	18	22	13	20

（　　　　）

2 データの調べ方 2
ドットプロット

得点　　点

答え 別冊《べっさつ》2ページ

覚えよう

数直線の上にデータを●(ドット)で表した図を，**ドットプロット**といいます。
ドットプロットに表すと，ちらばりのようすがわかりやすくなります。

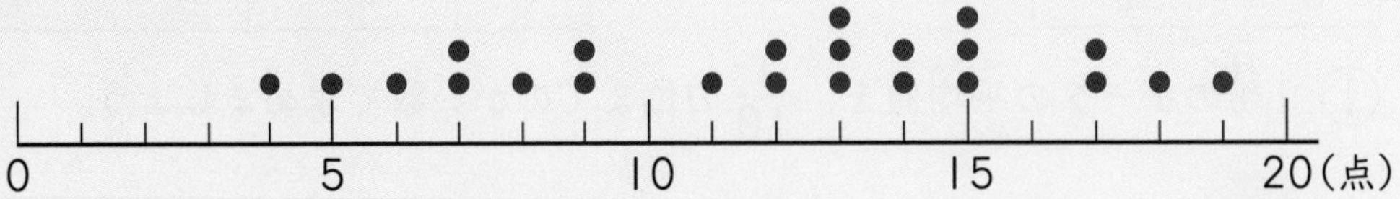

1 下の図は，あるクラスの小テストの結果をドットプロットに表したものです。次の問題に答えましょう。　［1問　10点］

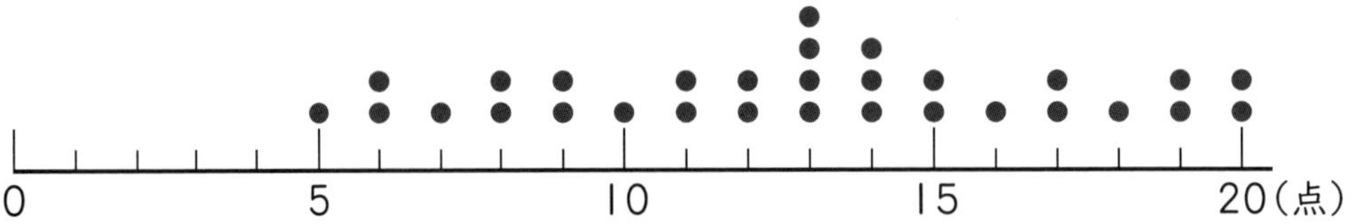

① 点数が14点の人は何人いますか。

(　　　　)

② 点数が17点以上の人は何人いますか。

(　　　　)

③ いちばん人数が多いのは何点の人ですか。

(　　　　)

④ いちばん高い点数は何点ですか。

(　　　　)

⑤ いちばん低い点数は何点ですか。

(　　　　)

ポイント!

数直線上の，データに対応した値《あたい》のところに●(ドット)をかきます。

垂直《すいちょく》とびの記録(cm)

33	33	37	35	34

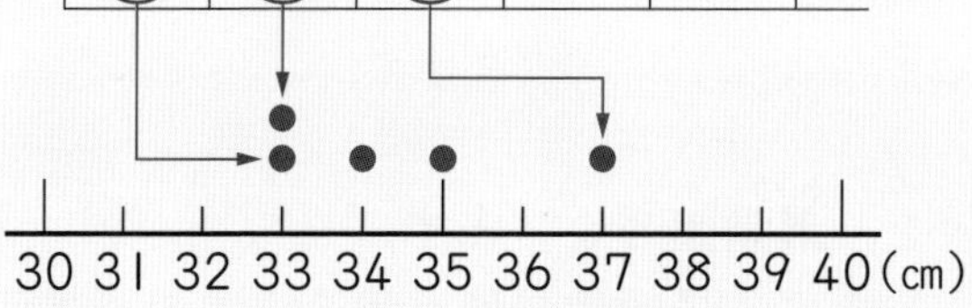

同じ値《あたい》があるときは，
ドットを上に積み上げて
かいていくよ。

2 下の表は，1班《ぱん》と2班《はん》の人の垂直《すいちょく》とびの記録をまとめたものです。次の問題に答えましょう。 ［1つ　10点］

1班《ぱん》(cm)	33	33	37	35	34	42	48	44	39	41	45	38	
2班《はん》(cm)	38	44	43	40	39	41	42	35	37	40	38	40	43

① 次の図は，1班《ぱん》のデータをドットプロットに表したものです。2班《はん》のデータをドットプロットに表しましょう。

1班《ぱん》

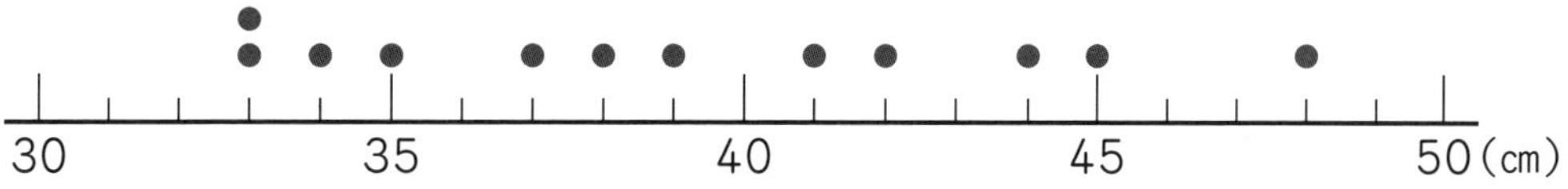

2班《はん》

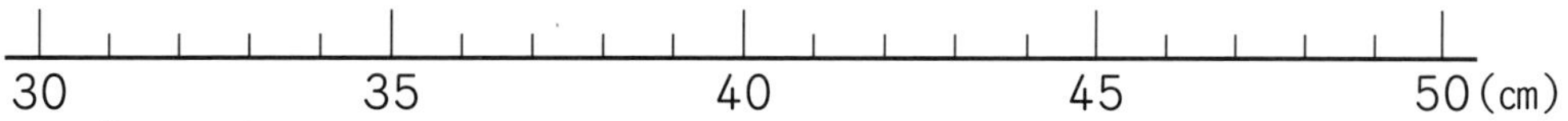

② 1班《ぱん》と2班《はん》で，いちばん人数が多いのは，それぞれ何cmですか。

1班《ぱん》(　　　　) 2班《はん》(　　　　)

③ 1班《ぱん》と2班《はん》で，いちばん大きい記録といちばん小さい記録の差は，それぞれ何cmですか。

1班《ぱん》(　　　　) 2班《はん》(　　　　)

3 データの調べ方 3

最頻値《さいひんち》

得点

点

答え 別冊《べっさつ》2ページ

覚えよう

データの中で最も多く出てくる値《あたい》を，**最頻値《さいひんち》**といいます。
いくつかの集団のデータを比べるときに，最頻値《さいひんち》を使う場合もあります。

最も多く出てくる値《あたい》が複数あるときは，
それらの値《あたい》がすべて最頻値《さいひんち》になるよ。

1 下のデータは，A《エー》，B《ビー》の2つのパックに入っていたたまご1個の重さを調べたものです。次の問題に答えましょう。 ［1問　10点］

A《エー》〔52g，48g，51g，50g，55g，52g，49g，52g，53g，47g〕
B《ビー》〔49g，53g，54g，49g，51g，56g，48g，55g，50g，52g〕

① パックA《エー》のたまごを，重さの軽い順に左から書きましょう。

② パックB《ビー》のたまごを，重さの軽い順に左から書きましょう。

③ パックA《エー》のデータの最頻値《さいひんち》を求めましょう。

④ パックB《ビー》のデータの最頻値《さいひんち》を求めましょう。

⑤ 最頻値《さいひんち》で比べると，どちらのパックのたまごが重いといえますか。

2 下の表は，6年1組の人が先月読んだ本の数を調べてまとめたものです。次の問題に答えましょう。［1問　10点］

読んだ本の数　(冊《さつ》)

4	5	6	11	7	5	4	10
6	8	4	5	6	7	3	5

① データをドットプロットに表しましょう。

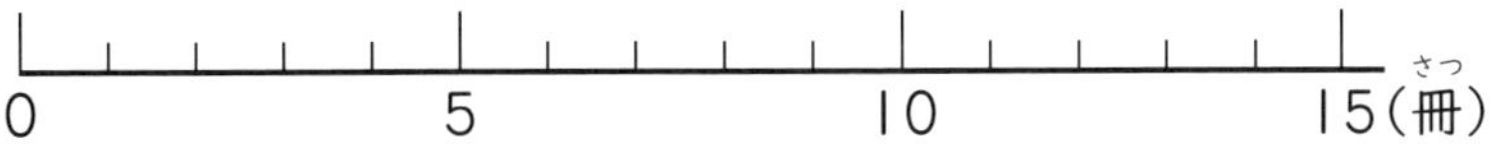

② 最頻《さいひん》値《ち》を求めましょう。

3 下の表は，さくらさんのクラスの上体起こしの記録をまとめたものです。次の問題に答えましょう。［1問　10点］

上体起こしの記録

番号	回数(回)	番号	回数(回)	番号	回数(回)	番号	回数(回)
1	22	6	24	11	22	16	15
2	11	7	23	12	27	17	24
3	26	8	15	13	20	18	26
4	10	9	28	14	25	19	13
5	21	10	17	15	29	20	22

① データをドットプロットに表しましょう。

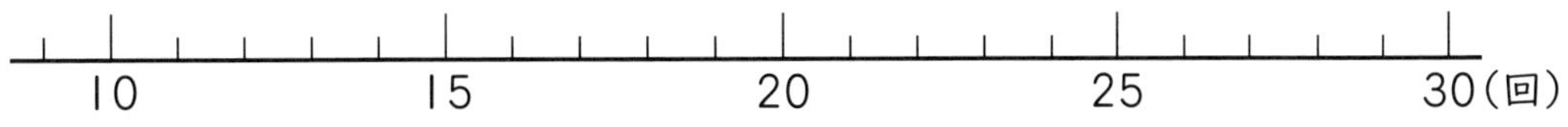

② 25回以上の人は何人いますか。

③ 最頻《さいひん》値《ち》を求めましょう。

4 データの調べ方 4

中央値《ちゅうおうち》

得点

点

答え 別冊《べっさつ》3ページ

覚えよう

データを大きさの順に並《なら》べたときの中央の値《あたい》を，**中央値**《ちゅうおうち》といいます。

●データの個数が奇数《きすう》…2，5，⑦，10，13

中央の値《あたい》が中央値《ちゅうおうち》

●データの個数が偶数《ぐうすう》…2，5，⑦，⑨，10，13

中央の2つの値《あたい》の平均が中央値《ちゅうおうち》

(7+9)÷2=8

1 下のデータは，れんさんとはなさんが，それぞれの家でとれたいちご1個の重さを調べたものです。次の問題に答えましょう。［1問　10点］

れん　〔12g，17g，21g，13g，17g，10g，15g，13g，12g〕
はな　〔14g，15g，19g，23g，15g，16g，11g，12g，12g，18g〕

① れんさんの家でとれたいちごを，重さの軽い順に左から書きましょう。

（　　　　　　　　　　　　　　　　　　　　）

② はなさんの家でとれたいちごを，重さの軽い順に左から書きましょう。

（　　　　　　　　　　　　　　　　　　　　）

③ れんさんの家のデータの中央値《ちゅうおうち》を求めましょう。

（　　　　　）

④ はなさんの家のデータの中央値《ちゅうおうち》を求めましょう。

（　　　　　）

⑤ 中央値《ちゅうおうち》で比べると，どちらの家のいちごが重いといえますか。

（　　　　　）

2 下の表は，6年1組の漢字の小テストの結果をまとめたものです。次の問題に答えましょう。 ［1問　10点］

漢字の小テスト　(点)

13	17	10	16	19	8	18	11
8	15	6	10	15	16	10	

① データをドットプロットに表しましょう。

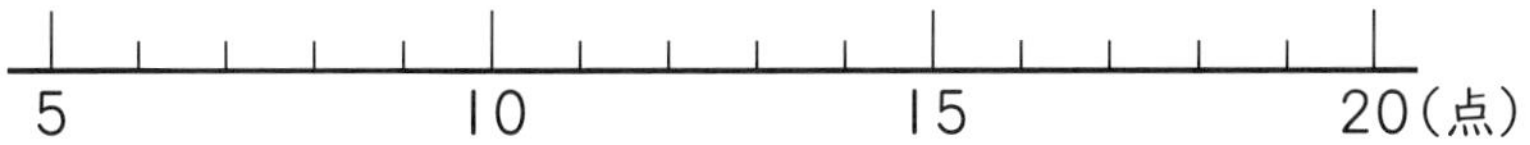

② 中央《ちゅうおう》値《ち》を求めましょう。

(　　　　)

3 下の表は，はるとさんのクラスのあく力測定の記録をまとめたものです。次の問題に答えましょう。 ［1問　10点］

あく力測定の記録

番号	あく力(kg)	番号	あく力(kg)	番号	あく力(kg)	番号	あく力(kg)
1	16	6	22	11	19	16	21
2	23	7	15	12	25	17	13
3	19	8	24	13	28	18	22
4	11	9	26	14	24	19	25
5	20	10	17	15	15	20	19

① データをドットプロットに表しましょう。

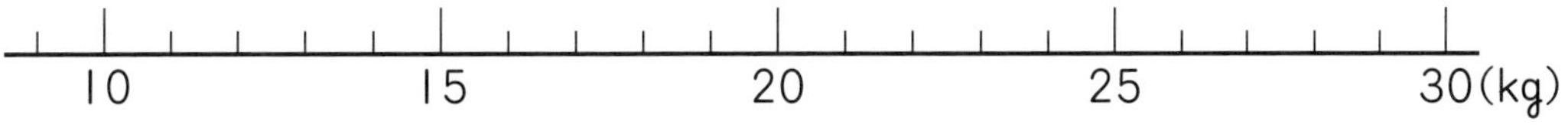

② 15kg以下の人は何人いますか。

(　　　　)

③ 中央《ちゅうおう》値《ち》を求めましょう。

(　　　　)

5 データの調べ方 5

代表値《だいひょうち》とドットプロット①

得点

点

答え 別冊《べっさつ》3ページ

例

最頻値《さいひんち》…●(ドット)の数がいちばん多いところの値《あたい》 → 4m

中央値《ちゅうおうち》…中央にある●の値《あたい》 → 5m

平均値《へいきんち》…(2+4×3+5+6×2+7×2)÷9=5 → 5m

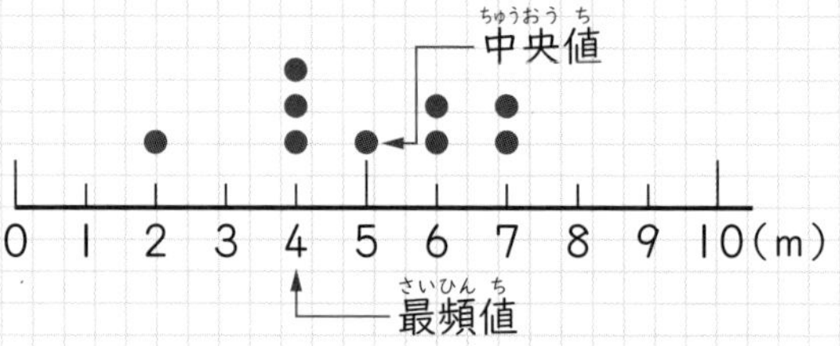

1 下の表は，6年1組と2組のソフトボール投げの記録をまとめたものです。次の問題に答えましょう。 [1つ 10点]

1組のソフトボール投げの記録

番号	きょり(m)	番号	きょり(m)
1	24	9	36
2	16	10	18
3	22	11	25
4	31	12	26
5	27	13	14
6	24	14	24
7	25	15	20
8	15	16	21

2組のソフトボール投げの記録

番号	きょり(m)	番号	きょり(m)
1	39	9	25
2	36	10	20
3	12	11	31
4	14	12	17
5	26	13	28
6	23	14	19
7	32	15	23
8	15		

① 1組と2組のデータの平均値《へいきんち》をそれぞれ求めましょう。

(1組) 式

答え (　　　　)

(2組) 式

答え (　　　　)

② 次の図は，1組のデータをドットプロットに表したものです。2組のデータを右のページのドットプロットに表しましょう。

1組

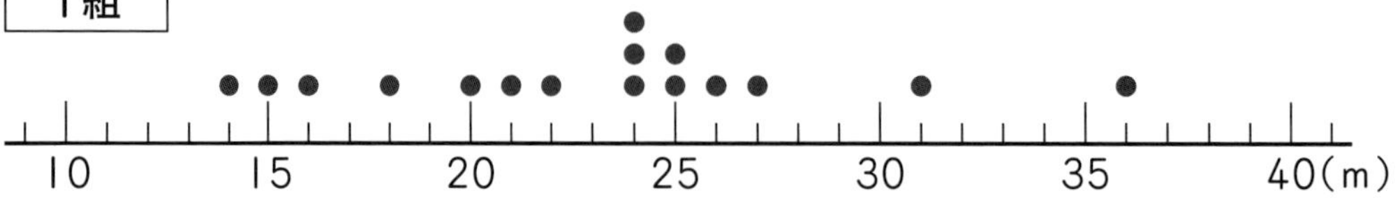

2組

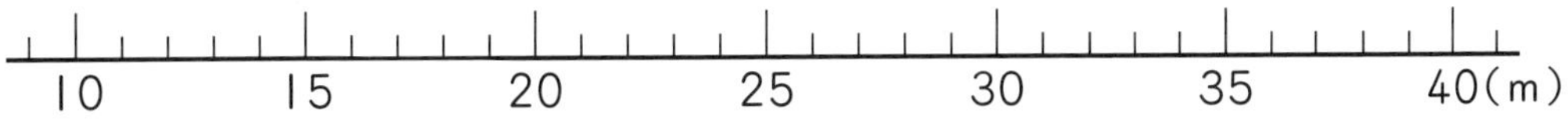

③ ②のドットプロットで，1組と2組のそれぞれの平均《へいきん》値《ち》を表すところに，↑をかきましょう。 （両方できて10点）

④ 30m以上の人が多いのは，1組と2組のどちらですか。

(　　　　)

⑤ いちばん大きい記録といちばん小さい記録の差が大きいのは，1組と2組のどちらですか。

(　　　　)

2 下の図は，あるクラスで夏休みに読んだ本の数をドットプロットに表したものです。次の問題に答えましょう。 [1問　10点]

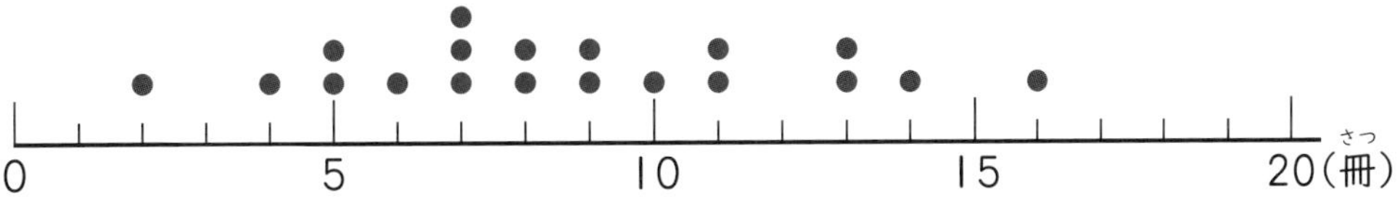

① 最頻《さいひん》値《ち》を求めましょう。

(　　　　)

② 中央《ちゅうおう》値《ち》を求めましょう。

(　　　　)

3 下の図は，みさきさんのクラスの垂直《すいちょく》とびの記録をドットプロットに表したものです。次の問題に答えましょう。 [1問　10点]

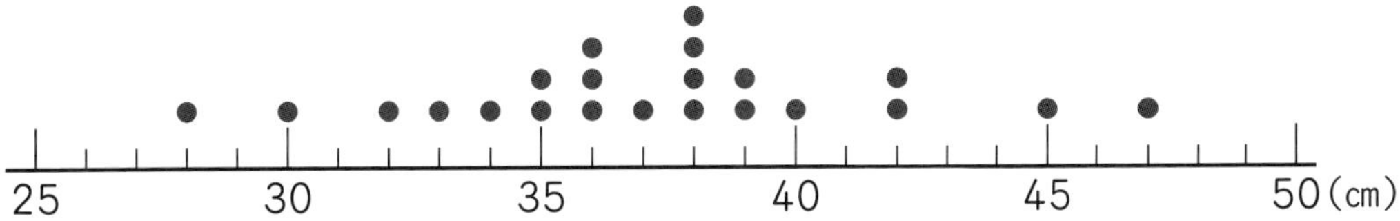

① 最頻《さいひん》値《ち》を求めましょう。

(　　　　)

② 中央《ちゅうおう》値《ち》を求めましょう。

(　　　　)

6 データの調べ方 6

代《だい》表《ひょう》値《ち》とドットプロット②

得点

点

答え 別冊《べっさつ》4ページ

例

データを比べるときは，代表値《だいひょうち》(平均値《へいきんち》，最頻値《さいひんち》，中央値《ちゅうおうち》)を使います。

A《エー》

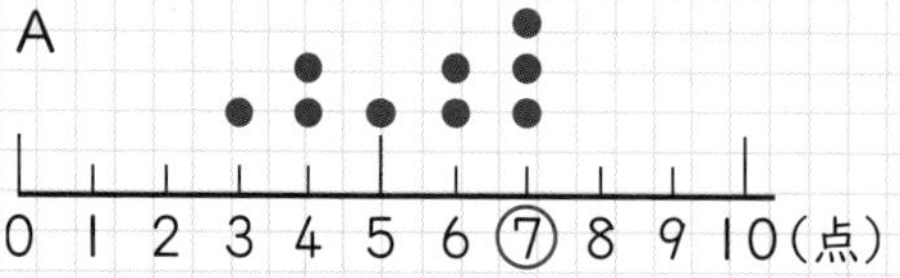

B《ビー》

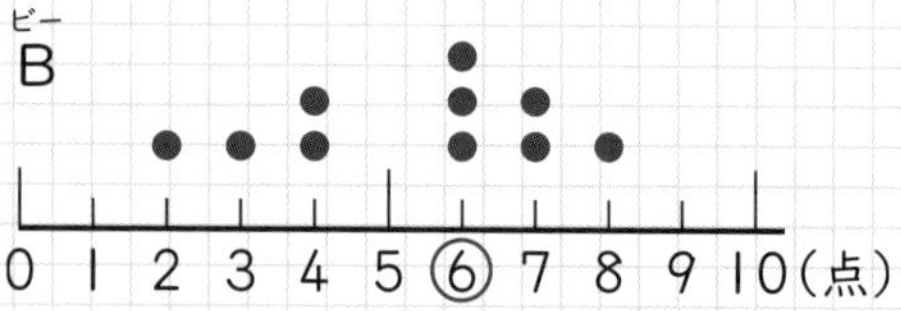

最頻値《さいひんち》で比べると，A《エー》のほうが点数が高いといえます。

1 下の図は，A班《エーはん》とB班《ビーはん》でゲームをしたときの得点をドットプロットに表したものです。次の問題に答えましょう。 [1つ　6点]

A班《エーはん》

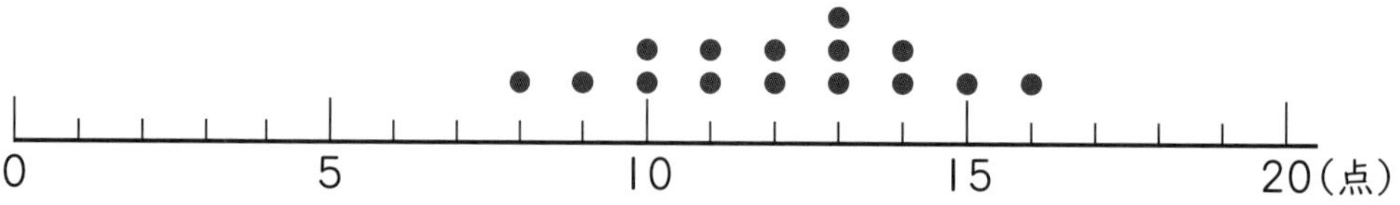

B班《ビーはん》

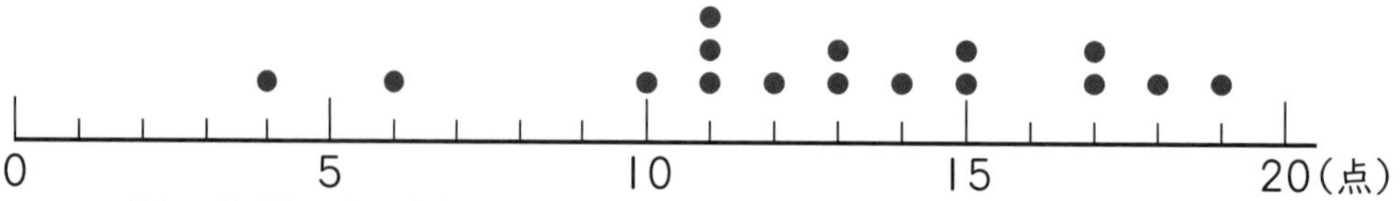

① A班《エーはん》とB班《ビーはん》の最頻値《さいひんち》をそれぞれ求めましょう。

A班《エーはん》(　　　　)　B班《ビーはん》(　　　　)

② 最頻値《さいひんち》で比べると，どちらの班《はん》の得点が高いといえますか。

(　　　　)

③ A班《エーはん》とB班《ビーはん》の中央値《ちゅうおうち》をそれぞれ求めましょう。

A班《エーはん》(　　　　)　B班《ビーはん》(　　　　)

④ 中央値《ちゅうおうち》で比べると，どちらの班《はん》の得点が高いといえますか。

(　　　　)

2 下の図は，6年1組と2組のソフトボール投げの記録をドットプロットに表したものです。次の問題に答えましょう。 ［1つ　8点］

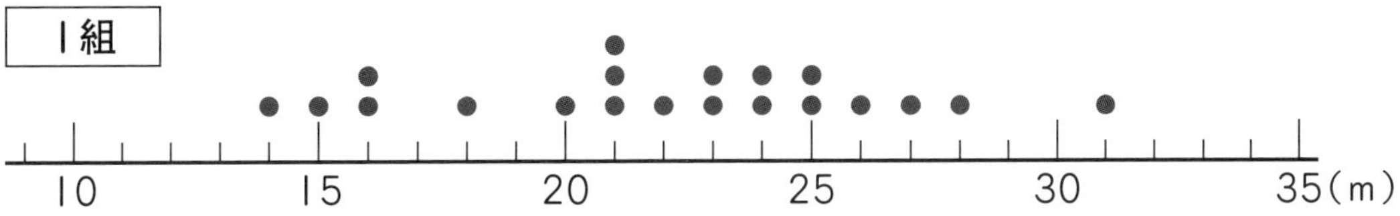

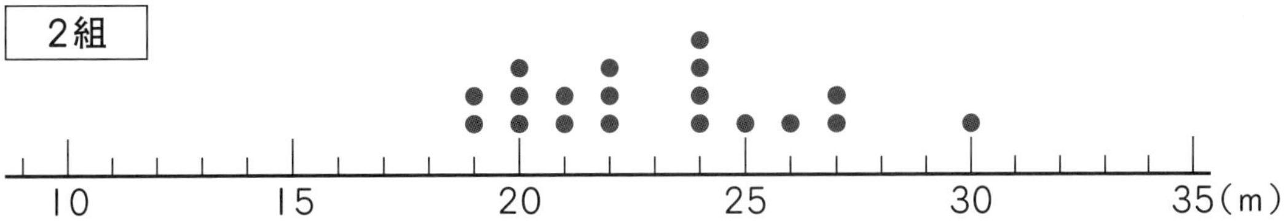

① 25m以上の人が多いのは，1組と2組のどちらですか。 （　　　　）

② 1組と2組の平均《へいきん》値《ち》をそれぞれ求めましょう。

（1組） 式

答え （　　　　）

（2組） 式

答え （　　　　）

③ 1組と2組のドットプロットで，それぞれの平均《へいきん》値《ち》を表すところに，↑をかきましょう。 （両方できて8点）

④ 平均《へいきん》値《ち》で比べると，どちらのクラスの記録がよいといえますか。

（　　　　）

⑤ 最頻《さいひん》値《ち》で比べると，どちらのクラスの記録がよいといえますか。

（　　　　）

⑥ 中央《ちゅうおう》値《ち》で比べると，どちらのクラスの記録がよいといえますか。

（　　　　）

⑦ 1組と2組全体での最頻《さいひん》値《ち》を求めましょう。

（　　　　）

7

データの調べ方 7

度数分布表①

得点

点

答え 別冊《べっさつ》4ページ

覚えよう

度《ど》数《すう》分《ぶん》布《ぷ》表《ひょう》で，「10分以上20分未満」のような区間を階級《かいきゅう》といいます。
それぞれの階級に入るデータの個数を度数《どすう》といいます。

家庭学習の時間

	時間(分)	人数(人)	
	0以上～10未満	1	
階級	10　～20	2	度数
	20　～30	4	
	30　～40	6	
	40　～50	4	
	50　～60	3	
	合　計	20	

20未満は，20より小さいから
20は入らないよ。
20以上は，20と等しいか，
20より大きいことだね。

1 下の表は，あるクラスの1日の家庭学習の時間を調べて，度数分布表に表したものです。次の問題に答えましょう。［1問　10点］

家庭学習の時間

時間(分)	人数(人)
0以上～10未満	3
10　～20	4
20　～30	5
30　～40	8
40　～50	6
50　～60	4
合　計	30

① 右の表では，家庭学習の時間を何分ごとに区切っていますか。

（　　　　）

② 家庭学習の時間が10分以上20分未満の人は何人ですか。

（　　　　）

③ いちばん度数が多いのはどの階級ですか。

（　　　　分以上　　　　分未満）

2 下の表は，あるクラスの反復横とびの記録をまとめたものです。次の問題に答えましょう。

［1問　10点］

反復横とびの記録

番号	回数(回)	番号	回数(回)	番号	回数(回)	番号	回数(回)	番号	回数(回)
1	41	6	32	11	37	16	49	21	29
2	39	7	46	12	52	17	42	22	54
3	31	8	28	13	43	18	45	23	38
4	43	9	44	14	36	19	32	24	48
5	35	10	53	15	46	20	50	25	40

① 記録を5回ごとに区切って度数分布表をつくります。それぞれの階級の人数を調べて，右の表を完成させましょう。

反復横とびの記録

回数(回)	人数(人)
25以上～30未満	2
30　～35	3
35　～40	5
40　～45	
45　～50	
50　～55	
合　計	

② 記録が30回以上35回未満の人は何人ですか。

③ いちばん度数が多いのはどの階級ですか。

④ はるかさんの記録は38回です。どの階級に入っていますか。

⑤ りくさんの記録は50回です。どの階級に入っていますか。

⑥ 記録が45回以上の人は何人いますか。

⑦ かいとさんの記録は，回数が多いほうから数えて8番目です。どの階級に入っていますか。

8 データの調べ方 8

度数分布表②

得点

点

答え 別冊《べっさつ》5ページ

ポイント!

読んだ本の数

冊数《さっすう》(冊《さつ》)	人数(人)	
0以上～　5未満	2	T
5　　～10	4	𤴓
10　　～15	3	下
15　　～20	2	T
合　計	11	

「正」の字を書いて数えると，まちがえにくいよ。

1 下の表は，あるクラスの1班《ぱん》と2班《はん》の人が先月に読んだ本の数をまとめたものです。次の問題に答えましょう。　［1問　7点］

1班《ぱん》

番号	冊数《さっすう》(冊《さつ》)	番号	冊数《さっすう》(冊《さつ》)	番号	冊数《さっすう》(冊《さつ》)
1	6	5	14	9	8
2	10	6	16	10	1
3	15	7	12	11	5
4	3	8	6		

2班《はん》

番号	冊数《さっすう》(冊《さつ》)	番号	冊数《さっすう》(冊《さつ》)	番号	冊数《さっすう》(冊《さつ》)
1	9	5	14	9	8
2	11	6	12	10	10
3	5	7	2	11	13
4	18	8	13	12	7

① 右の表は，1班《ぱん》の人が読んだ本の冊数《さっすう》を度数分布表に表したものです。いちばん度数が多いのは，どの階級ですか。

(　　　　　　　　)

② 1班《ぱん》で10冊《さつ》以上読んだ人は何人ですか。

(　　　　　)

③ 2班《はん》の人が読んだ本の冊数《さっすう》を，右の度数分布表に表しましょう。

④ 1班《ぱん》と2班《はん》で，5冊《さつ》未満の人が多いのはどちらですか。

(　　　　　)

1班《ぱん》

冊数《さっすう》(冊《さつ》)	人数(人)
0以上～　5未満	2
5　　～10	4
10　　～15	3
15　　～20	2
合　計	11

2班《はん》

冊数《さっすう》(冊《さつ》)	人数(人)
0以上～　5未満	
5　　～10	
10　　～15	
15　　～20	
合　計	

2 下の表は，1組と2組のあく力測定の記録をまとめたものです。次の問題に答えましょう。 ［1つ　8点］

1組

番号	あく力(kg)	番号	あく力(kg)	番号	あく力(kg)
1	27	7	16	13	32
2	21	8	28	14	20
3	24	9	25	15	18
4	12	10	27	16	24
5	25	11	22	17	14
6	19	12	15	18	29

2組

番号	あく力(kg)	番号	あく力(kg)	番号	あく力(kg)
1	26	7	20	13	22
2	30	8	23	14	17
3	28	9	26	15	24
4	13	10	21	16	25
5	32	11	18	17	33
6	20	12	29		

① 1組と2組の記録を，それぞれ下の度数分布表に表しましょう。

1組

あく力(kg)	人数(人)
10以上～15未満	
15　～20	
20　～25	
25　～30	
30　～35	
合　計	

2組

あく力(kg)	人数(人)
10以上～15未満	
15　～20	
20　～25	
25　～30	
30　～35	
合　計	

② それぞれのクラスで，いちばん度数が多いのはどの階級ですか。

1組 (　　　　　)

2組 (　　　　　)

③ それぞれのクラスで，記録が20kg未満の人は何人いますか。

1組 (　　　)　2組 (　　　)

④ それぞれのクラスで，記録がよいほうから数えて8番目の人は，どの階級に入っていますか。

1組 (　　　　　)

2組 (　　　　　)

⑤ 記録が25kg以上の人が多いのは，1組と2組のどちらですか。

(　　　　　)

9 データの調べ方 9

ヒストグラム①

得点　　点

答え 別冊《べっさつ》5ページ

覚えよう

右のようなグラフを**ヒストグラム**，または，**柱状《ちゅうじょう》グラフ**といいます。

データ全体の特ちょうが一目でわかるね。

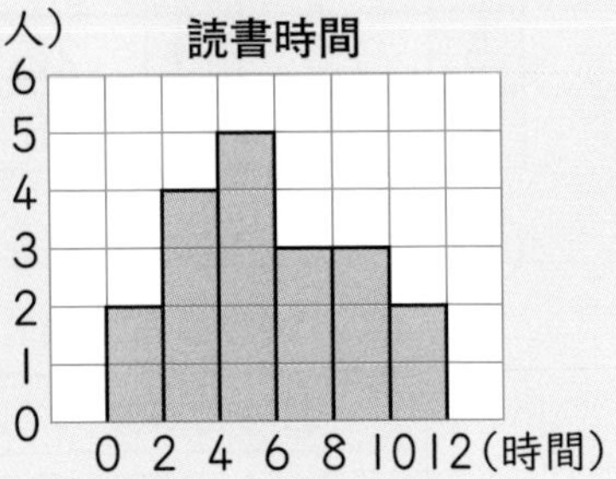

1 下のグラフは，あるクラス27人の1週間の読書時間を調べて，ヒストグラムに表したものです。次の問題に答えましょう。［1問　8点］

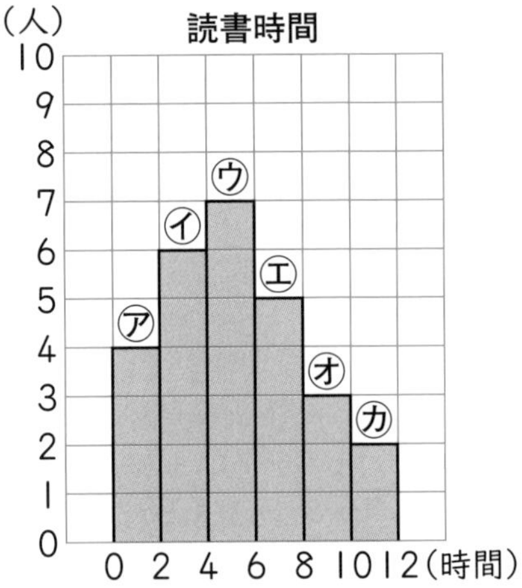

① 27人全員の読書時間は，何時間以上何時間未満に散らばっていますか。

（　　　　　　　　）

② 度数がいちばん多い階級を示すのは，ヒストグラムの㋐～㋕のどこですか。

（　　　　）

③ 読書時間が7時間の人は，ヒストグラムの㋐～㋕のどこに入っていますか。

（　　　　）

④ 読書時間が8時間以上の人は，ヒストグラムの㋐～㋕のどことどこに入っていますか。

（　　　　と　　　　）

⑤ 読書時間が8時間以上の人は，全部で何人ですか。

（　　　　）

2 下のグラフは，あるクラスの１週間の運動時間を調べて，ヒストグラムに表したものです。次の問題に答えましょう。　［１問　10点］

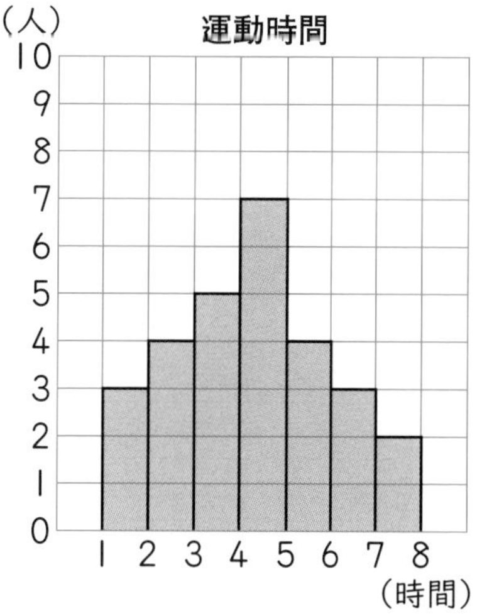

① このクラスの人数は何人ですか。

② このクラスの運動時間は，何時間以上何時間未満に散らばっていますか。

③ 3時間以上4時間未満の人は何人いますか。

④ いちばん度数が多いのはどの階級ですか。

⑤ 運動時間が長いほうから数えて7番目の人は，どの階級に入っていますか。

⑥ 運動時間が3時間未満の人は何人ですか。

棒《ぼう》グラフとはちがって，ヒストグラムの横軸《よこじく》は必ず数値《すうち》になるよ。また，棒《ぼう》と棒《ぼう》の間はあいていないね。

10

データの調べ方 10

ヒストグラム②

得点　　点

答え　別冊《べっさつ》5ページ

ポイント!

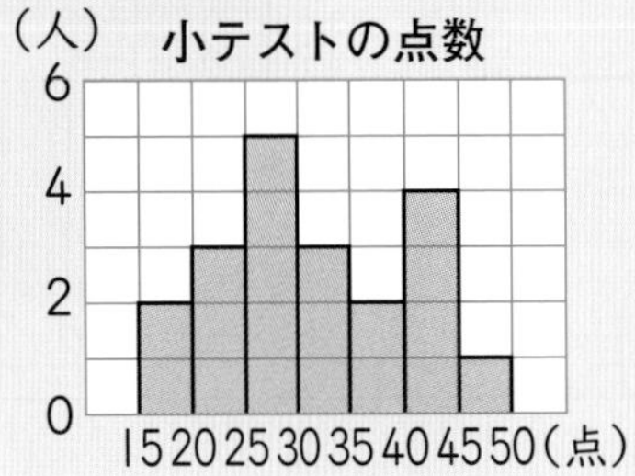

ヒストグラムからは，それぞれの階級の度数がわかります。

45点以上50点未満の人が
1人いることはわかるけど，
何点かはわからないね。

1 下のグラフは，あるクラスの小テストの結果を調べて，ヒストグラムに表したものです。次の問題に答えましょう。　［1つ　10点］

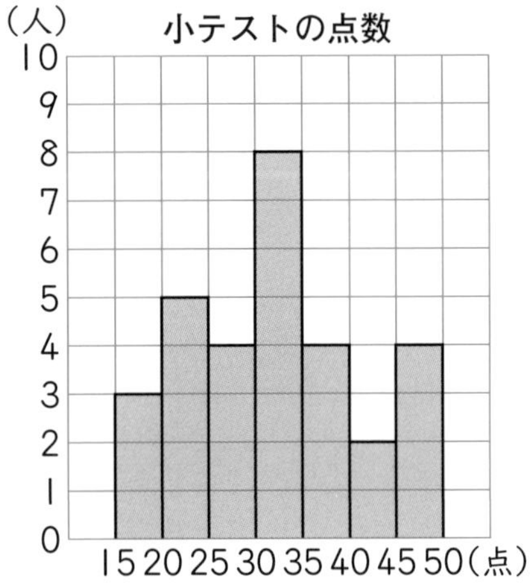

① このクラスの人数は何人ですか。

（　　　　）

② 点数が25点未満の人は何人いますか。

（　　　　）

③ 点数が36点の人は，点数が高いほうから数えて，何番目から何番目のはんいにいると考えられますか。

（　　　　）

④ 点数が低いほうから数えて10番目の人は，どの階級に入っていますか。

（　　　　）

⑤ 次のア～エのうち，このグラフだけではわからないものはどれですか。2つ選んで，記号で答えましょう。

ア　点数が20点以上30点未満の人数

イ　このクラスの点数の平均値《へいきんち》

ウ　点数が30点以上40点未満の人数の割合《わりあい》

エ　このクラスでいちばん高い点数

（　　　）（　　　）

ポイント!

ヒストグラムでは，階級は横軸《よこじく》，度数は縦軸《たてじく》で表されます。それぞれの階級の度数を表す長方形をかきます。

上体起こしの記録

回数(回)	人数(人)
5以上～10未満	3
10 ～15	4
15 ～20	5

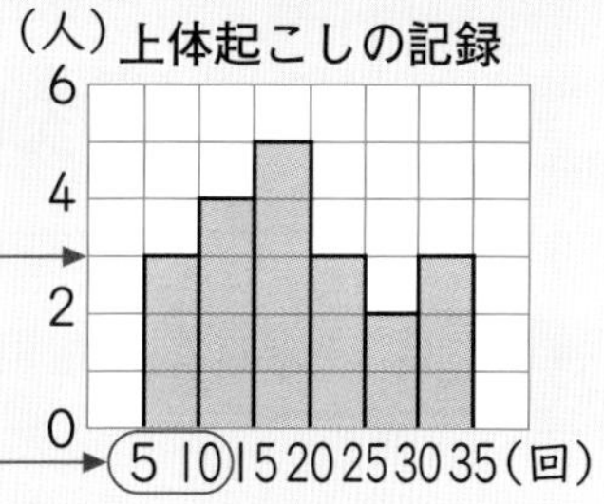

2 下の表は，あるクラスの上体起こしの記録を度数分布表に表したものです。これを右のヒストグラムに表します。グラフを完成させましょう。 [10点]

上体起こしの記録

回数(回)	人数(人)
5以上～10未満	1
10 ～15	3
15 ～20	5
20 ～25	7
25 ～30	4
30 ～35	2
合　計	22

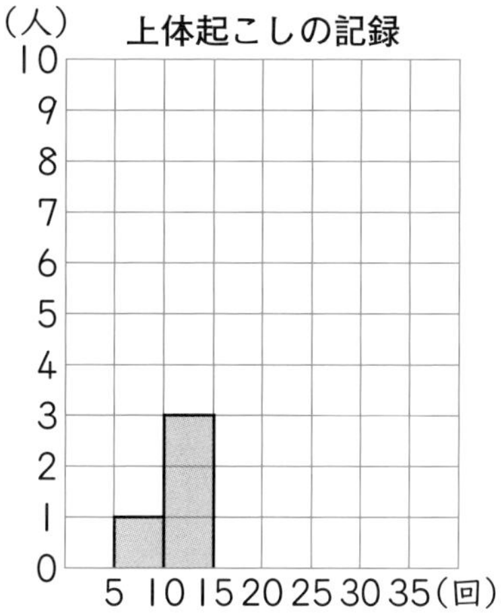

3 下の表は，ある2日間の朝ににわとりが産んだたまごの重さを度数分布表に表したものです。度数分布表をもとにして，にわとりが産んだたまごの重さを，それぞれ右のヒストグラムに表しましょう。 [1つ　15点]

たまごの重さ

重さ(g)	個数(個)	
	7日	8日
45以上～50未満	3	1
50 ～55	6	5
55 ～60	4	4
60 ～65	3	6
65 ～70	4	3
合　計	20	19

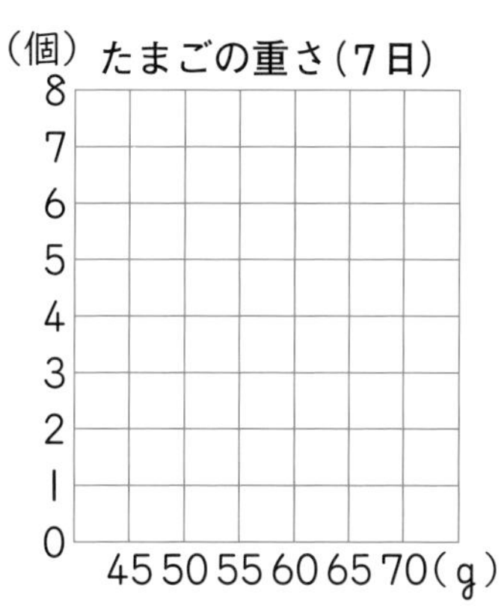

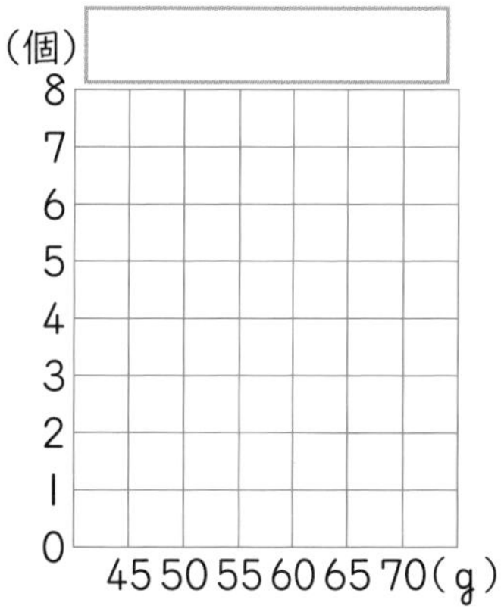

11

データの調べ方 11

度数分布表とヒストグラム①

得点

点

答え 別冊《べっさつ》6ページ

例

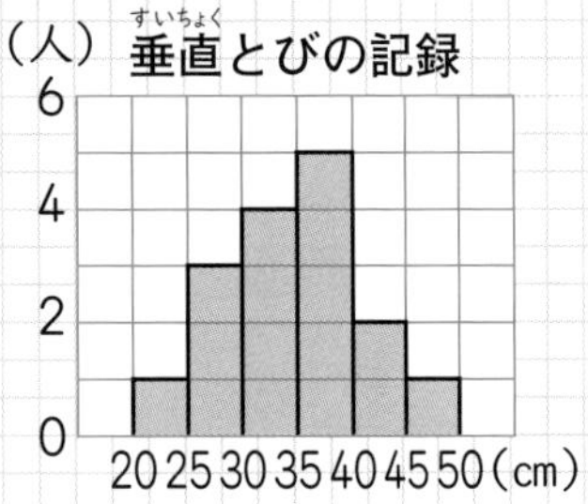

記録が30cm未満の人の全体に対する割合《わりあい》を百分率で求めると，

(1＋3)÷16＝0.25　　25%

比べる量　　もとにする量

1 下の表は，あるクラスの垂直《すいちょく》とびの記録をまとめたものです。次の問題に答えましょう。 [1つ　12点]

垂直《すいちょく》とびの記録

番号	きょり(cm)	番号	きょり(cm)	番号	きょり(cm)	番号	きょり(cm)	番号	きょり(cm)
1	37	5	48	9	35	13	26	17	30
2	41	6	28	10	27	14	40	18	36
3	24	7	39	11	45	15	31	19	42
4	35	8	47	12	38	16	22	20	29

① 垂直《すいちょく》とびの記録を下の度数分布表に表し，ヒストグラムを完成させましょう。

垂直《すいちょく》とびの記録

きょり(cm)	人数(人)
20以上～25未満	
25　～30	
30　～35	
35　～40	
40　～45	
45　～50	
合　計	

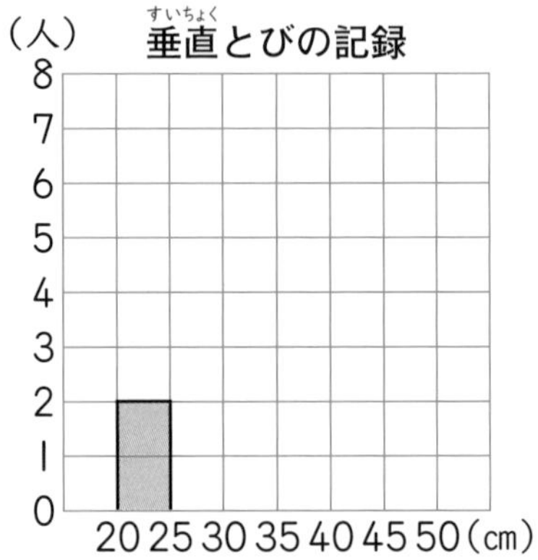

② 記録が40cm以上の人の割合《わりあい》は，クラス全体の何%ですか。

(　　　　　　)

2

下の表は，1組と2組の走りはばとびの記録を度数分布表に表したものです。次の問題に答えましょう。　　　　　　　　　　　　　　　　　　　　　［1つ　8点］

1組

きょり（m）	人数（人）
2.0以上～2.5未満	4
2.5　　～3.0	5
3.0　　～3.5	3
3.5　　～4.0	4
4.0　　～4.5	3
合　計	19

2組

きょり（m）	人数（人）
2.0以上～2.5未満	3
2.5　　～3.0	5
3.0　　～3.5	7
3.5　　～4.0	3
4.0　　～4.5	2
合　計	20

① 1組と2組の記録を，それぞれ下のヒストグラムに表しましょう。

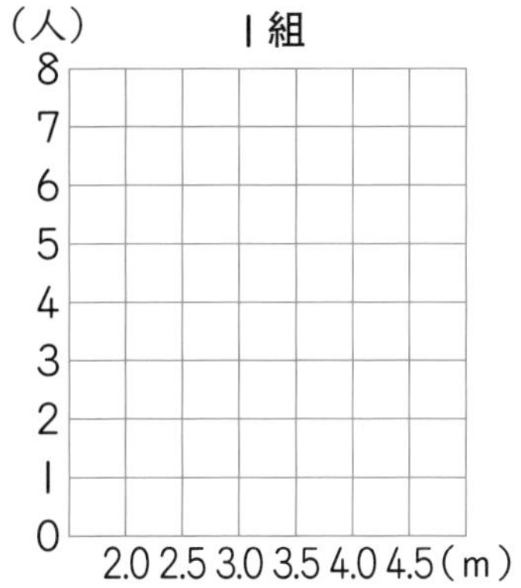

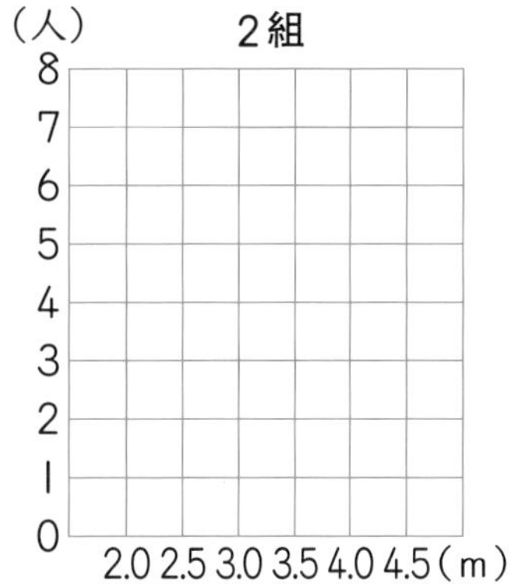

② それぞれのクラスで，記録が3.0m未満の人は何人いますか。

1組（　　　　　）　2組（　　　　　）

③ それぞれのクラスで，記録が3.9mの人は，記録がよいほうから数えて何番目から何番目のはんいにいると考えられますか。

1組（　　　　　　　　　）

2組（　　　　　　　　　）

④ いちばん度数の多い階級で比べると，どちらの記録がよいといえますか。

（　　　　　）

⑤ 記録が3.5m以上の人数の割合《わりあい》で比べると，どちらの記録がよいといえますか。

（　　　　　）

12 データの調べ方 12

度数分布表とヒストグラム②

得点　　点

答え 別冊《べっさつ》6ページ

ポイント！

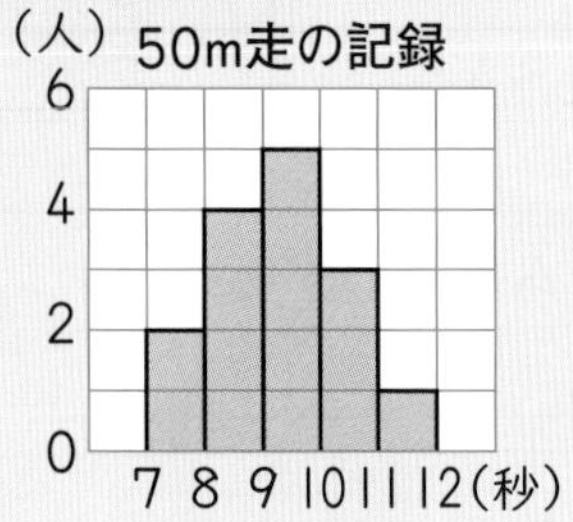

記録が速いほうかおそいほうかは，中央値《ちゅうおうち》をもとにして考えます。

中央値《ちゅうおうち》(9秒以上10秒未満の階級)より速ければ，この中で速いほうといえるね。

1 右の表は，あるクラスの50m走の記録をまとめたものです。次の問題に答えましょう。[1つ　8点]

50m走の記録

番号	時間(秒)	番号	時間(秒)	番号	時間(秒)	番号	時間(秒)
1	9.0	5	10.5	9	10.0	13	8.6
2	11.8	6	9.7	10	8.1	14	10.5
3	7.8	7	10.9	11	11.1	15	9.8
4	10.2	8	9.3	12	11.4		

① 50m走の記録を，右の度数分布表とヒストグラムに表しましょう。

50m走の記録

時間(秒)	人数(人)
7以上～ 8未満	
8　～ 9	
9　～10	
10　～11	
11　～12	
合　計	

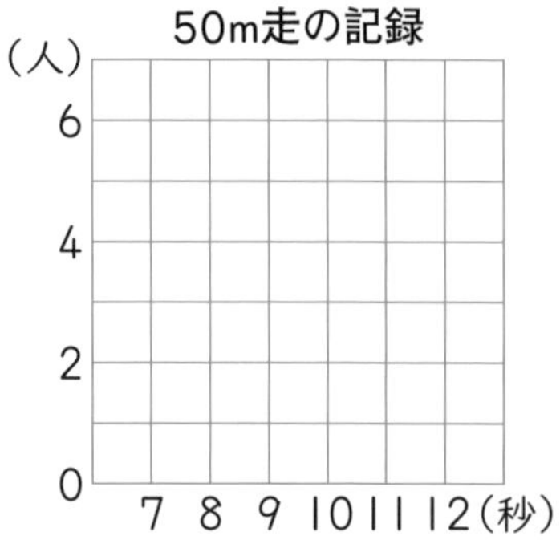

② 記録が9秒未満の人の割合《わりあい》は，クラス全体の何%ですか。

(　　　　　)

③ 中央値《ちゅうおうち》はどの階級に入っていますか。

(　　　　　)

④ ゆうとさんの記録は9.7秒でした。このクラスの中で，ゆうとさんの記録は速いほうでしょうか，おそいほうでしょうか。

(　　　　　)

2

下の表は，ある学校の5年生と6年生それぞれ20人のソフトボール投げの記録をまとめたものです。次の問題に答えましょう。

［①(1)(2)1問　12点，②～④1つ　6点］

5年生

番号	きょり(m)	番号	きょり(m)	番号	きょり(m)
1	25	8	23	15	26
2	17	9	18	16	14
3	23	10	26	17	30
4	21	11	24	18	20
5	17	12	28	19	15
6	32	13	12	20	22
7	13	14	19		

6年生

番号	きょり(m)	番号	きょり(m)	番号	きょり(m)
1	24	8	25	15	20
2	17	9	30	16	26
3	34	10	27	17	14
4	21	11	23	18	32
5	27	12	26	19	19
6	15	13	28	20	26
7	32	14	31		

① 5年生と6年生の記録を，それぞれ下の(1)度数分布表と(2)ヒストグラムに表しましょう。

(1)

ソフトボール投げの記録

きょり(m)	人数(人)	
	5年生	6年生
10以上～15未満		
15　～20		
20　～25		
25　～30		
30　～35		
合　計		

(2)

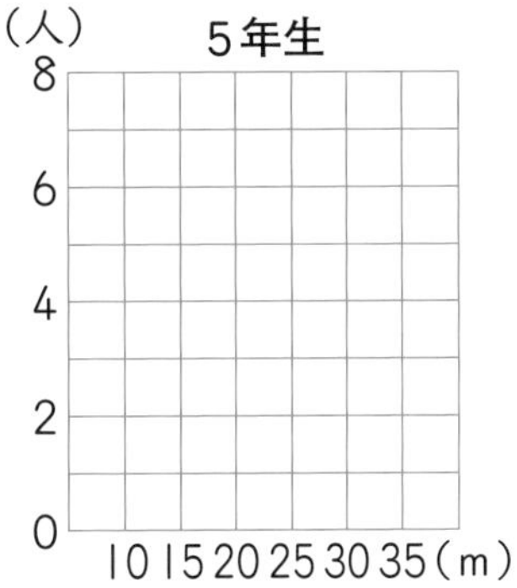

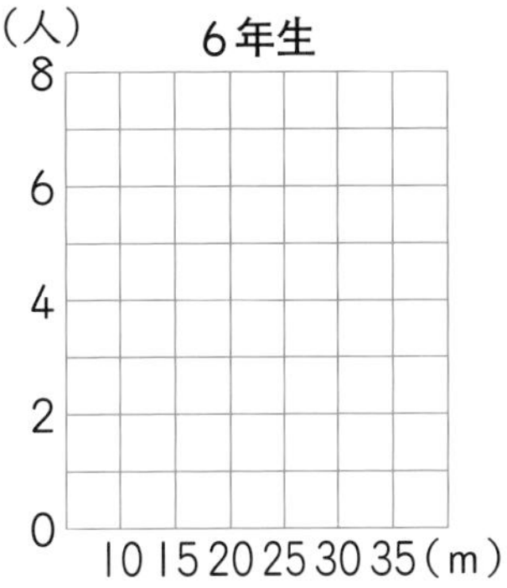

② それぞれの学年で，記録が20m未満の人は何人いますか。

5年生（　　　　）　6年生（　　　　）

③ それぞれの学年で，記録が25m以上の人の割合《わりあい》は，全体の何％ですか。

5年生（　　　　）　6年生（　　　　）

④ 上のヒストグラムの形から，5年生と6年生のソフトボール投げの記録についてどんなことがわかりますか。□にあてはまることばを書きましょう。

6年生のほうが，ソフトボール投げのきょりが［ア］ほうの階級の度数が多いので，5年生より6年生の記録のほうが［イ］といえます。

ア（　　　　）　イ（　　　　）

13

データの調べ方 13

度数分布表とヒストグラム③

得点　　点

答え　別冊《べっさつ》7ページ

例

A《エー》チームの50m走の記録

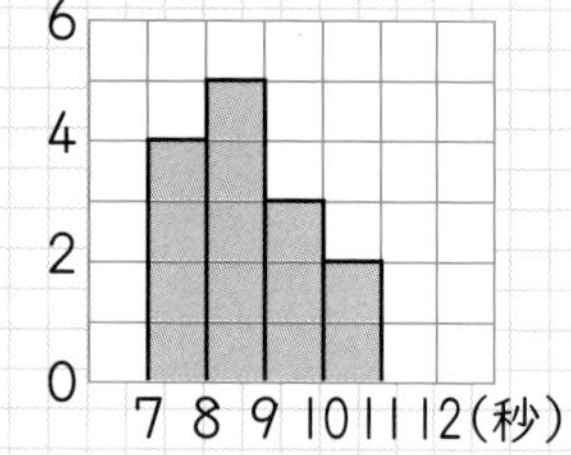

B《ビー》チームの50m走の記録

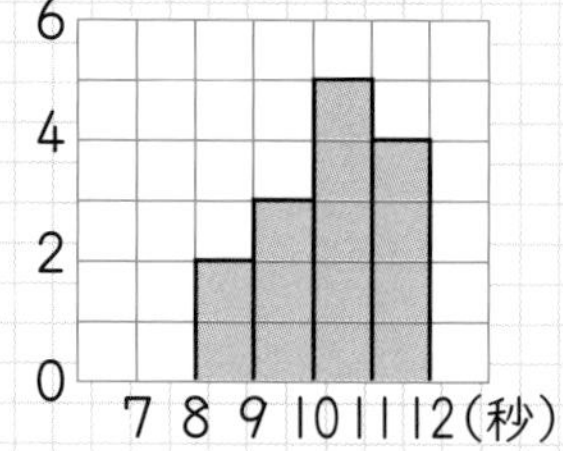

1 右の表は，A《エー》の畑でとれた15個のいちごの重さを調べてまとめたものです。次の問題に答えましょう。　［1つ　8点］

A《エー》の畑でとれたいちごの重さ(g)

19	25	28	21	27
26	23	15	24	23
16	28	22	25	18

① A《エー》の畑のデータを，右の度数分布表とあのヒストグラムに表しましょう。

A《エー》の畑

重さ(g)	個数(個)
10以上～14未満	
14　～18	
18　～22	
22　～26	
26　～30	
合　計	

あ

A《エー》の畑

② 右のいのヒストグラムは，B《ビー》の畑でとれた15個のいちごの重さを表したものです。A《エー》とB《ビー》の畑でとれたいちごについて，□にあてはまる記号やことばを書きましょう。

ヒストグラムを比べると，［ア］の畑のほうが，重いほうの階級の［イ］が多いことがわかるので，［ア］の畑でとれたいちごのほうが［ウ］といえます。

い

B《ビー》の畑

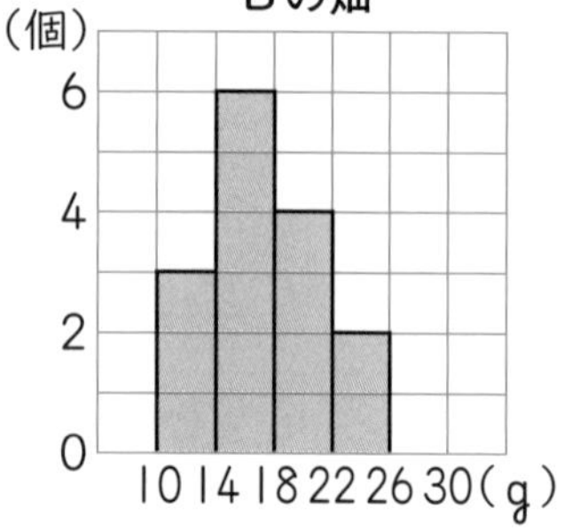

ア（　　　　）　イ（　　　　）　ウ（　　　　）

2 下の表は，１組と２組の50ｍ走の記録をまとめたものです。次の問題に答えましょう。
［１問　15点］

１組

番号	時間（秒）	番号	時間（秒）	番号	時間（秒）
1	9.5	8	8.7	15	9.0
2	8.5	9	10.2	16	7.8
3	10.0	10	6.9	17	8.5
4	7.4	11	9.6	18	9.2
5	9.2	12	8.9	19	7.4
6	8.2	13	8.5	20	8.7
7	7.9	14	10.2		

２組

番号	時間（秒）	番号	時間（秒）	番号	時間（秒）
1	10.5	8	9.8	15	9.5
2	9.5	9	8.5	16	7.5
3	7.6	10	7.2	17	10.0
4	10.4	11	10.0	18	9.0
5	6.8	12	8.2	19	7.3
6	8.8	13	10.4	20	10.4
7	9.2	14	7.6		

① １組と２組の記録を，それぞれ下の⑴度数分布表と⑵ヒストグラムに表しましょう。

⑴

50ｍ走の記録

時間（秒）	人数（人）	
	１組	２組
6以上～　7未満		
7　～　8		
8　～　9		
9　～10		
10　～11		
合　計		

⑵

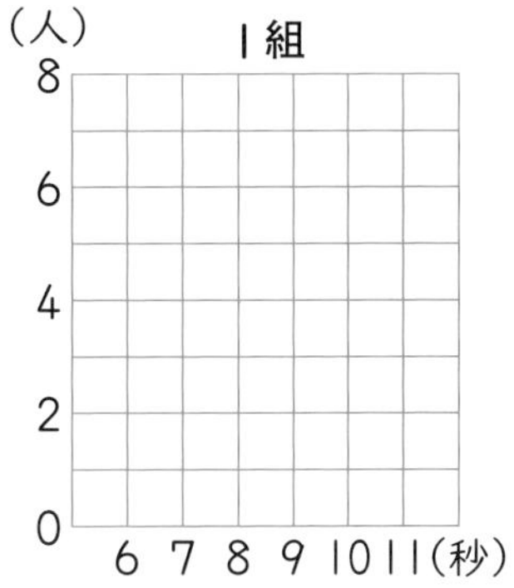

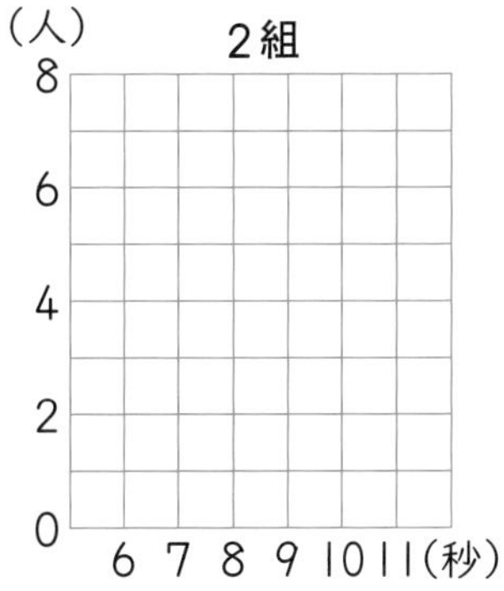

② それぞれのクラスから6人を選んでリレーのチームをつくります。どちらのクラスのチームのほうが速いといえますか。理由も答えましょう。

（　　　　）組のリレーチームのほうが速い。

理由（　それぞれのクラスの上位6人の記録を見ると，　）

③ クラス全体で比べた場合，１組と２組ではどちらが速いといえますか。理由も答えましょう。

（　　　　）組のほうが速い。

理由（　　　　）

14 データの調べ方 14
いろいろなグラフ①

得点　　点

答え　別冊《べっさつ》8ページ

ポイント!

[1]のようなグラフを人口ピラミッドといいます。

子どもの数が減って，高れい者の数が増えていることが一目でわかるね。

1

下のグラフは，1970年と2020年の日本の男女別・年れい別の人口を表したものです。次の問題に答えましょう。　［1つ　10点］

日本の男女別・年れい別人口

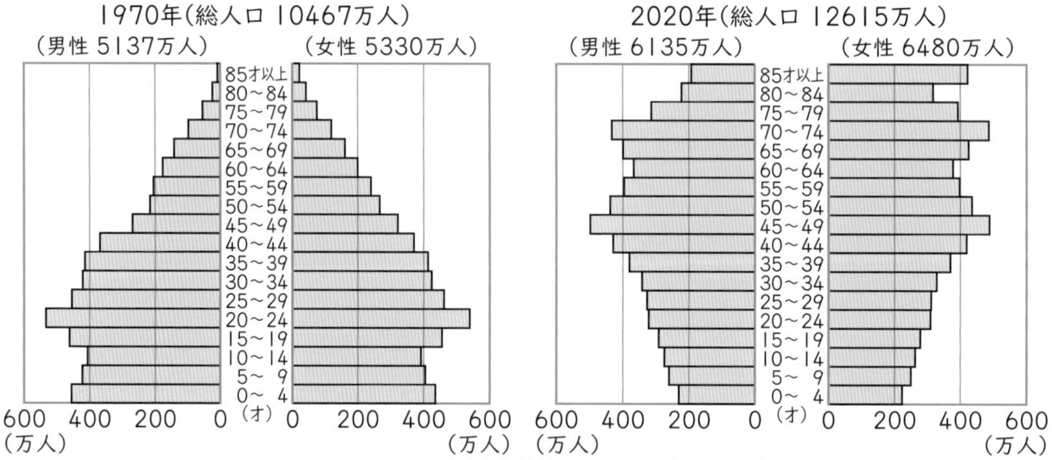

（総務省統計局　昭和45年国勢調査，令和2年国勢調査より作成）

① 人口がいちばん多いのは，それぞれどの年れいの階級ですか。

1970年（　　　　　　　　　　）

2020年（　　　　　　　　　　）

② 次のア～エのうち，このグラフについて正しいといえるものを2つ選んで，記号で答えましょう。

ア　1970年の10才以上14才以下の人口は，男女ともに500万人以上である。

イ　2020年の85才以上の人口は，女性のほうが多い。

ウ　1970年と2020年で，0才以上4才以下の人口は，男女ともに約2分の1に減っている。

エ　1970年と2020年で，60才以上64才以下の人口は，男女ともに2倍以上に増えている。

（　　　　）（　　　　）

例

7時2分にA《エー》駅を出発したふつう列車は，7時8分にB《ビー》駅に着き，そこで4分間停車します。7時6分にA《エー》駅を出発した急行列車は，7時10分にB《ビー》駅を通過します。

右のグラフをダイヤグラムというよ。縦軸《たてじく》は駅の位置，横軸《よこじく》は時刻《じこく》を表しているんだ。

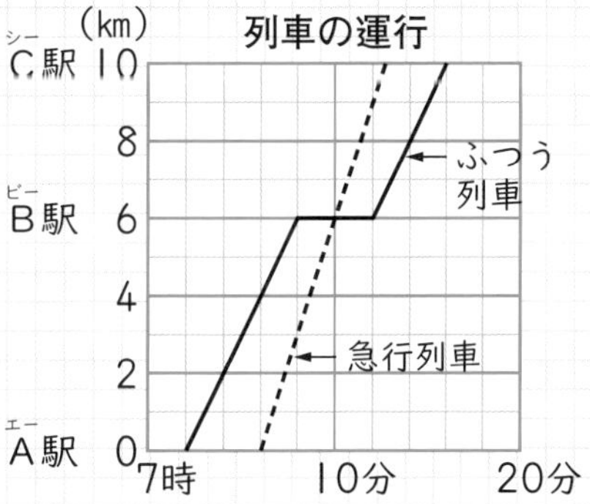

2 右のグラフは，ふつう列車と急行列車の運行のようすを表したものです。次の問題に答えましょう。［1問　10点］

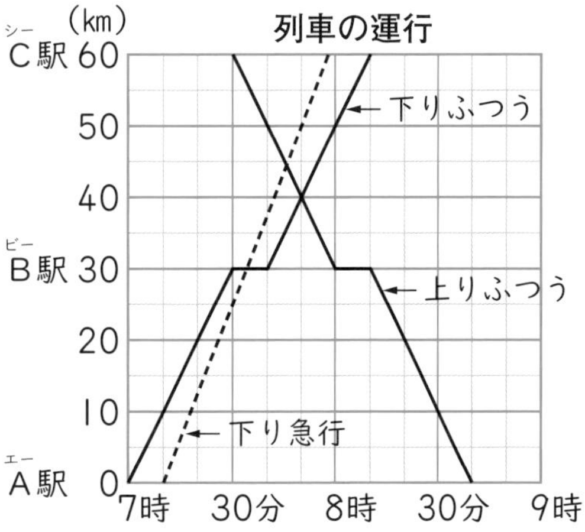

① 7時にA《エー》駅を出発した下りのふつう列車は，B《ビー》駅に何時何分に着きますか。

（　　　　）

② 下りのふつう列車は，B《ビー》駅に何分間停車しますか。

（　　　　）

③ 下りの急行列車は何時何分にA《エー》駅を出発しますか。

（　　　　）

④ 下りのふつう列車が下りの急行列車に追いこされるのは，A《エー》駅から何kmのところですか。

（　　　　）

⑤ 下りのふつう列車が，上りのふつう列車とすれちがうのは何時何分ですか。

（　　　　）

⑥ ⑤のとき，A《エー》駅から何kmのところですか。

（　　　　）

15

データの調べ方 15

いろいろなグラフ②

得点

点

答え 別冊《べっさつ》8ページ

ポイント!

これまでに学習したグラフにはそれぞれ特ちょうがあり，
目的によって使い分けます。

1 下のア～オのグラフについて，次の問題に答えましょう。

［1つ　4点］

ア
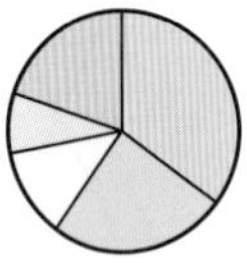

イ
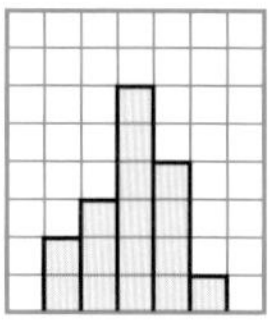

ウ
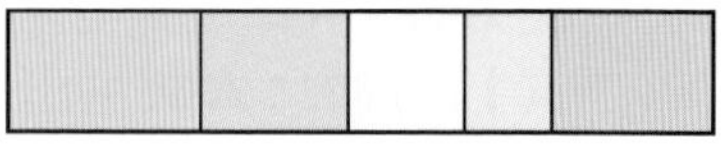

エ
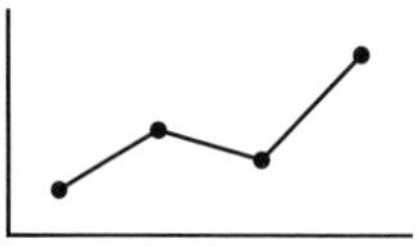

オ
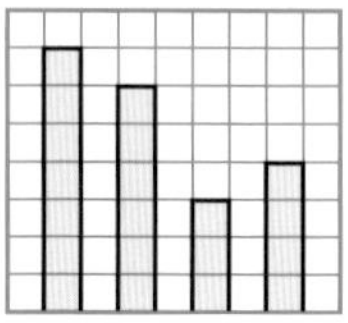

① ア～オのグラフの名前を，それぞれ次の□から選んで答えましょう。

折れ線グラフ	帯グラフ	ヒストグラム
円グラフ	棒《ぼう》グラフ	

ア（　　　　）　イ（　　　　）

ウ（　　　　）　エ（　　　　）

オ（　　　　）

② 次の(1)～(4)の目的には，ア～オのどのグラフを使うとよいですか。あてはまるグラフをすべて選んで，記号で答えましょう。

(1)　変化のようすを調べる。

（　　　　）

(2)　全体に対する割合《わりあい》を調べる。

（　　　　）

(3)　ものの量を比べる。

（　　　　）

(4)　データのちらばりのようすを調べる。

（　　　　）

2 次の①～④は，下のア～エのどのグラフに表すとよいですか。あてはまるグラフを選んで，記号で答えましょう。

［1問　8点］

① ある県の1年間の気温の変化

② ある学校でけがをした人のけがの種類別の人数

③ 都道府県別のみかんの収《しゅう》かく量の割合《わりあい》

④ ある畑でとれたじゃがいも1個の重さのちらばりのようす

ア

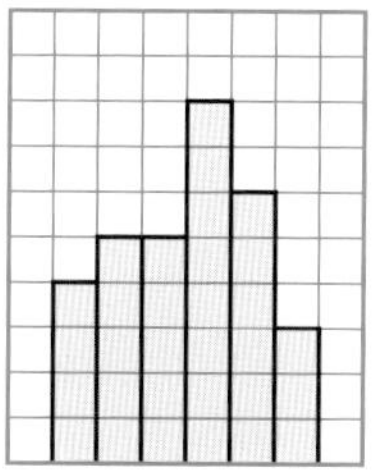

イ

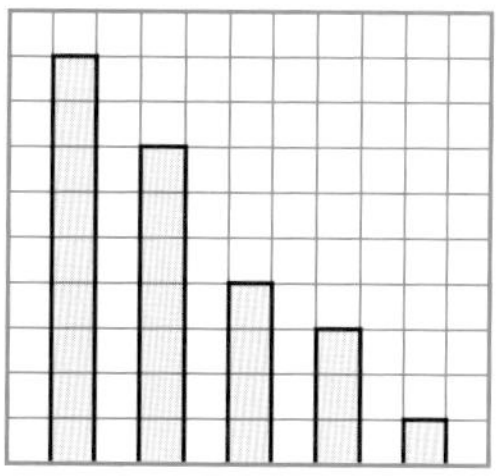

ウ

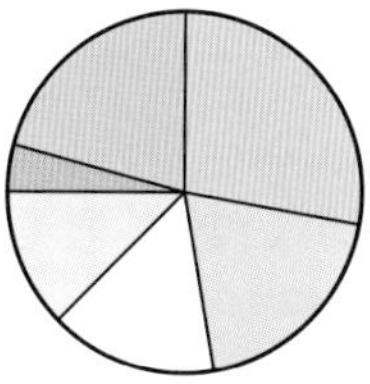

エ

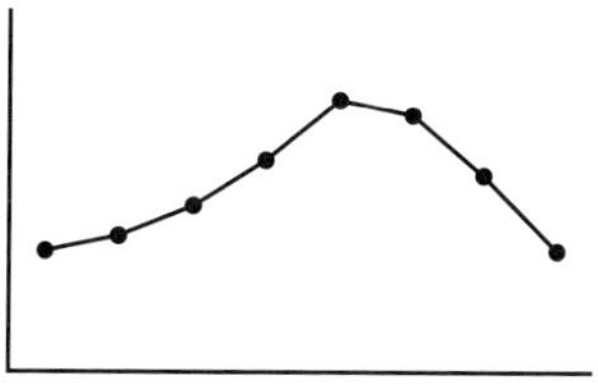

3 次の①～④は，どのグラフに表すとよいですか。グラフの名前を答えましょう。

［1問　8点］

① 好きなスポーツの種類別の人数の割合《わりあい》

② あるクラスの1週間の運動時間のちらばりのようす

③ ある県のトマトの収《しゅう》かく量の年ごとの変化

④ ある図書館で1か月間に借りられた本の種類別の冊数《さっすう》

16 データを読み解く問題①

得点

点

答え 別冊《べっさつ》8ページ

ポイント!

データを比べることで，いろいろなことがわかります。

1のデータを見ると，男子は0.36秒，女子は0.78秒速くなっているね。

1 右のデータは，1975年と2020年の日本陸上競技大会での男子と女子の100m走の優勝《ゆうしょう》記録です。次の問題に答えましょう。

［1つ　10点］

日本陸上競技大会での100m走の優勝《ゆうしょう》記録

年	男子	女子
1975	10.63(秒)	12.14(秒)
2020	10.27(秒)	11.36(秒)

（日本陸上競技連盟《れんめい》公式サイトより作成）

① 男子100m走について，1975年の大会の優勝《ゆうしょう》記録の速さ，2020年の大会の優勝《ゆうしょう》記録の速さは，それぞれ秒速約何mですか。四捨五入《ししゃごにゅう》して，$\frac{1}{100}$の位までのがい数で表しましょう。

式　1975年…

2020年…

答え　1975年（　　　）　2020年（　　　）

② ①で，1975年の大会の優勝者《ゆうしょうしゃ》と，2020年の大会の優勝者《ゆうしょうしゃ》が，優勝《ゆうしょう》したときと同じ速さで同時に100m走ったとします。速いほうが先にゴールした時点での2人の道のりの差を求めます。

(1)　どちらの年の大会の優勝者《ゆうしょうしゃ》が先にゴールしますか。（　　　）

(2)　(1)がゴールしたとき，もう一方は何m進んでいることになりますか。

式

答え（　　　）

(3) 速いほうが先にゴールした時点での2人の道のりの差は，約何mですか。四捨五入《ししゃごにゅう》して整数で答えましょう。

式

答え （　　　　）

2 右のデータは，1975年と2020年の日本陸上競技大会での男子と女子の200m走の優勝《ゆうしょう》記録です。次の問題に答えましょう。

［1つ　10点］

日本陸上競技大会での
200m走の優勝《ゆうしょう》記録

年	男子	女子
1975	21.36(秒)	24.65(秒)
2020	20.75(秒)	23.17(秒)

（日本陸上競技連盟《れんめい》公式サイトより作成）

① 1975年と2020年の優勝《ゆうしょう》記録を比べて，男子と女子で，それぞれ何秒速くなっていますか。

式 男子…

女子…

答え 男子 （　　　　）　女子 （　　　　）

② 女子200m走について，1975年の大会の優勝《ゆうしょう》記録の速さ，2020年の大会の優勝《ゆうしょう》記録の速さは，それぞれ秒速約何mですか。四捨五入《ししゃごにゅう》して，$\frac{1}{100}$の位までのがい数で表しましょう。

式 1975年…

2020年…

答え 1975年 （　　　　）　2020年 （　　　　）

✧ ③ ②で，1975年の大会の優勝者《ゆうしょうしゃ》と，2020年の大会の優勝者《ゆうしょうしゃ》が，優勝《ゆうしょう》したときと同じ速さで同時に200m走ったとします。速いほうが先にゴールした時点での2人の道のりの差は，約何mですか。四捨五入《ししゃごにゅう》して整数で答えましょう。

式

答え （　　　　）

17

データの調べ方 17

データを読み解く問題②

得点

点

答え 別冊《べっさつ》9ページ

1 下のあ，いのデータは，A《エー》，B《ビー》，C《シー》，D《ディー》の4チームの陸上競技の記録をまとめたものです。次の問題に答えましょう。［1問　20点］

データあ　各チームの走者の100m走の自己《じこ》ベスト

チーム	第1走者の自己《じこ》ベスト(秒)	第2走者の自己《じこ》ベスト(秒)	第3走者の自己《じこ》ベスト(秒)	第4走者の自己《じこ》ベスト(秒)
A《エー》	11.39	11.31	11.48	11.20
B《ビー》	11.54	11.57	11.52	11.51
C《シー》	11.46	11.56	11.63	11.46
D《ディー》	11.62	11.55	11.29	11.40

データい　陸上男子400mリレー決勝での結果

チーム	決勝タイム(秒)	順位
A《エー》	43.90	1
B《ビー》	44.02	2
C《シー》	44.15	3
D《ディー》	44.26	4

✧ ① データあから，4人の走者の100m走の自己《じこ》ベストだけで考えた場合，A《エー》，B《ビー》，C《シー》，D《ディー》の4つのチームの順位はどのようになると予想できますか。4つのチームの順位を予想して，その理由も答えましょう。（すべてできて20点）

順位の予想　(　　　)→(　　　)→(　　　)→(　　　)

理由　(それぞれのチームの4人の自己《じこ》ベストを合計すると，　)

② はるかさんは，データあ⃝とデータい⃝から，各チームの4人の走者の100m走の自己《じこ》ベストの合計よりも，決勝タイムのほうが短いことに気づきました。下の表に，自己《じこ》ベストの合計と決勝タイムの差を書きましょう。

各チームの4人の走者の自己《じこ》ベストの合計と，決勝タイムの差

チーム	自己《じこ》ベストの合計(秒)	決勝タイム(秒)	差
A《エー》	45.38	43.90	
B《ビー》	46.14	44.02	
C《シー》	46.11	44.15	
D《ディー》	45.86	44.26	

③ リレーではバトンパスをするときに，次の走者は助走をして速くなった状態でバトンを受け取るので，自己《じこ》ベストの合計よりも記録を短くできます。B《ビー》チームは決勝において，平均すると1回のバトンパスで約何秒記録を短くすることができていますか。四捨五入《ししゃごにゅう》して$\frac{1}{100}$の位までのがい数で表しましょう。

式

答え（　　　　）

④ ②で求めた差は，リレー競技では大きいほうがよいですか，小さいほうがよいですか。理由とともに答えましょう。

（　　　　）

⑤ B《ビー》チームの4人の走者全員の100m走の自己《じこ》ベストが，それぞれ11.5秒になったとします。このとき，A《エー》，C《シー》，D《ディー》チームの決勝タイムと，②で求めたB《ビー》チームの差が変わらなかったとすると，B《ビー》チームの順位は1位になるでしょうか。□にあてはまる数やことばを書きましょう。（すべてできて20点）

B《ビー》チームの4人の自己《じこ》ベストの合計は［ア］秒です。この記録がバトンパスによって短くなると，［イ］秒になります。

これはA《エー》チームの決勝タイムより［ウ］ので，B《ビー》チームは1位に［エ］と考えられます。

ア（　　　　）　イ（　　　　）

ウ（　　　　）　エ（　　　　）

データの調べ方 18

18 データを読み解く問題③

得点

点

答え 別冊《べっさつ》9ページ

1 りなさんは，現在のメディアの利用のようすについて調べ，データ㋐，データ㋑，データ㋒を見つけました。次の問題に答えましょう。 ［1つ　10点］

データ㋐　いち早く世の中の出来事や動きを知るときに利用するメディア

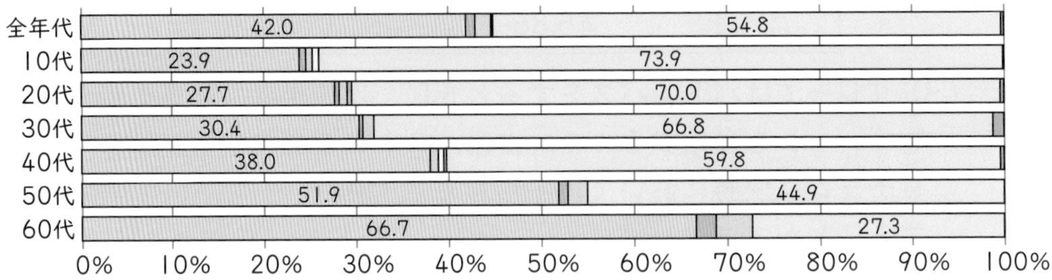

データ㋑　世の中の出来事や動きについて信らいできる情報を得るときに利用するメディア

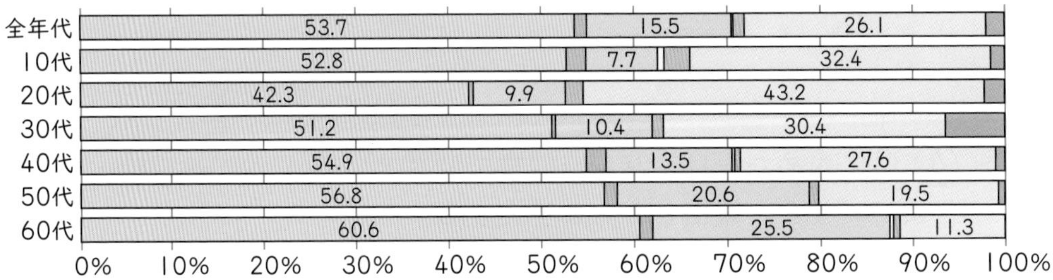

データ㋒　しゅ味，ご楽に関する情報を得るときに利用するメディア

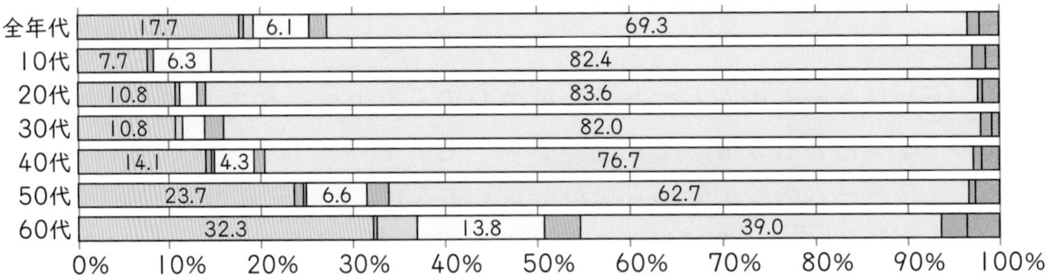

□テレビ □ラジオ □新聞 □雑誌《ざっし》 □書せき □インターネット □その他 □その種の情報は必要ない

（総務省情報通信政策《せいさく》研究所「令和2年度 情報通信メディアの利用時間と情報行動に関する調査」より作成）

① データ㋐～㋒を見ると，わたしたちはおもにどのメディアから情報を得ていますか。2つ答えましょう。

（　　　　　）（　　　　　）

② データ(あ)～(う)について正しいといえるものを2つ選んで，記号で答えましょう。

ア　データ(あ)は，年代が上がるほど，インターネットの割合《わりあい》が小さくなっている。

イ　データ(い)は，すべての年代でテレビの割合《わりあい》がいちばん大きい。

ウ　データ(う)は，すべての年代でインターネットの割合《わりあい》がいちばん大きい。

エ　すべてのデータにおいて，全年代のグラフはテレビよりインターネットの割合《わりあい》が大きい。

（　　　　）（　　　　）

③ りなさんはこのデータ(あ)～(う)を見て，次のように考えました。

> インターネットの割合《わりあい》を見ると，情報を得る目的によって，インターネットの利用のしかたにちがいがあると考えられるね。

りなさんの考えは正しいといえますか。□にあてはまる数やことばを書きましょう。

全年代のグラフを見ると，インターネットは，データ(い)では［ア］%だが，データ(う)では［イ］%です。信らいできる情報を得るときは［ウ］以外のメディアを利用しているが，しゅ味やご楽に関する情報を得るときは［ウ］を利用しているといえるので，りなさんの考えは［エ］です。

ア（　　　　）　イ（　　　　）

ウ（　　　　）　エ（　　　　）

④ りなさんはインターネットの利用について調べ，下のデータ(え)を見つけました。このデータとデータ(あ)～(う)を比べて気づいたことについて，□にあてはまることばを書きましょう。

データ(え)　インターネット利用上の不安の有無

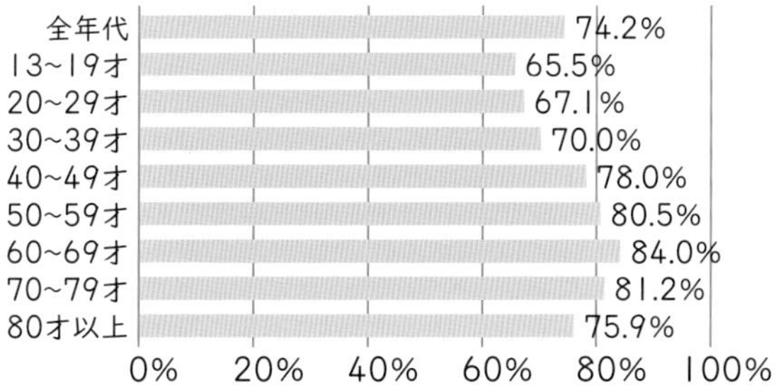

インターネットを利用していて，「不安を感じる」または「どちらかといえば不安を感じる」と回答した個人の割合《わりあい》。

（総務省「通信利用動向調査（令和２年度）」より作成）

10代から60代について，年代が上がるほど，インターネットを利用する割合《わりあい》が［ア］なり，そして，インターネットの利用に不安を感じる割合《わりあい》が［イ］なるようにみえます。

ア（　　　　）　イ（　　　　）

19 データの調べ方 19

データを読み解く問題④

得点

点

答え 別冊《べっさつ》10ページ

1 下のグラフは，ある畑で去年とれたトマトの個数とその割合《わりあい》を表したものです。㋐の部分は，グラフがぬけています。次の問題に答えましょう。［1つ　10点］

重さ別のトマトの個数

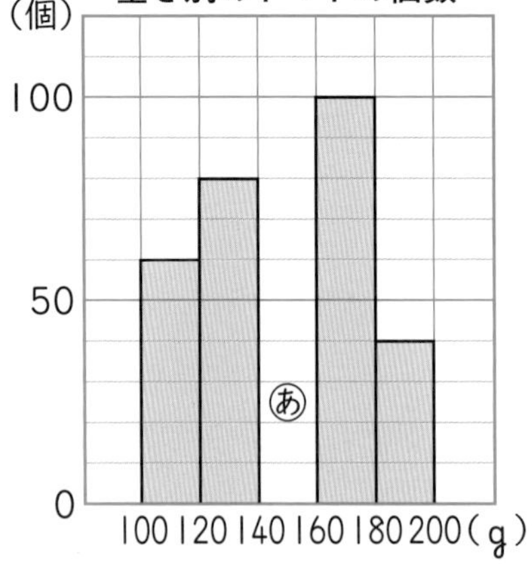

重さ別のトマトの個数の割合《わりあい》

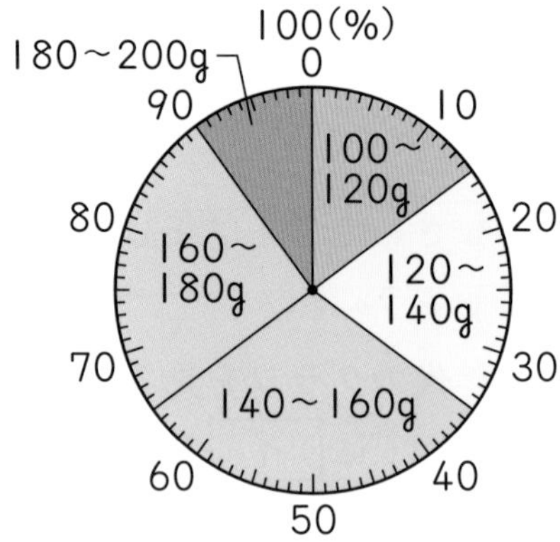

① 140g以上160g未満の個数を求めます。□にあてはまる数を書きましょう。

160g以上180g未満の個数が ア 個で割合《わりあい》が イ %なので，全部の個数は ウ 個です。140g以上160g未満の割合《わりあい》は エ %なので，個数は オ 個です。

ア（　　　）　イ（　　　）　ウ（　　　）

エ（　　　）　オ（　　　）

ヒストグラムの個数と円グラフの割合《わりあい》を利用して，全部の個数を求めることができるね。

② 右のグラフは，去年と今年のとれたトマトの合計個数を表したものです。今年とれたトマトの個数は，去年とれたトマトの個数の何%分増えましたか。

（　　　）

去年と今年のとれた個数

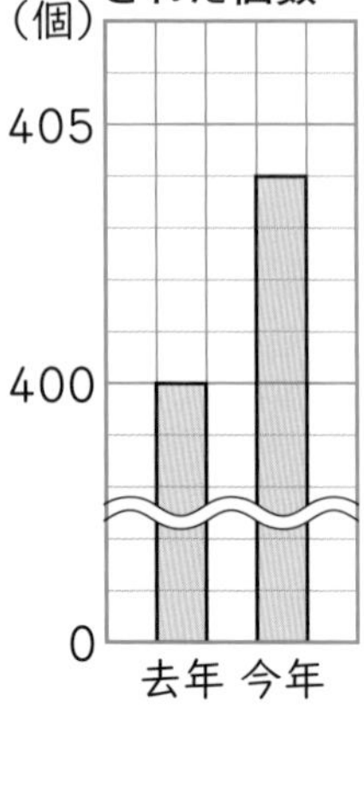

2 下のグラフは，あるインターネットサイトの先月の年代別の新しい会員数とその割合《わりあい》を表したものです。ⓐの部分は，グラフがぬけています。次の問題に答えましょう。［1問　10点］

年代別の新しい会員数

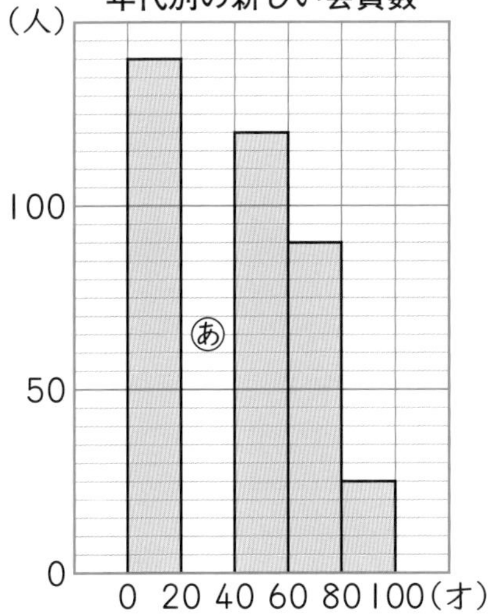

年代別の新しい会員数の割合《わりあい》

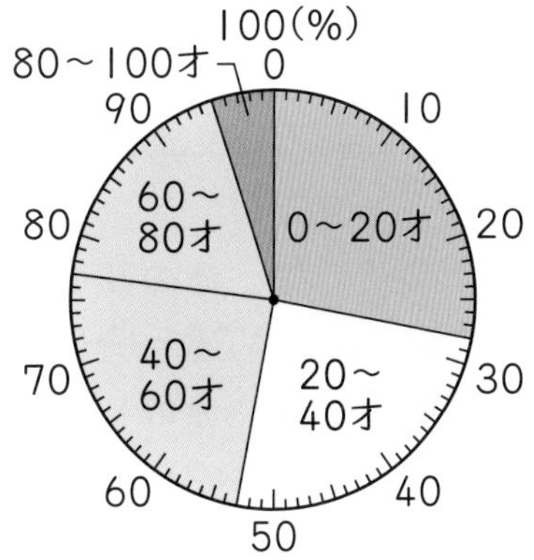

① 60才以上80才未満の会員数は何人ですか。

（　　　　）

② 60才以上80才未満の会員数の割合《わりあい》は何%ですか。

（　　　　）

③ 20才以上40才未満の会員数は何人ですか。

（　　　　）

④ 右のグラフは，先月と今月の新しい会員の合計人数を表したものです。このグラフについて，次の考えは正しいですか。理由とともに答えましょう。

今月は先月よりも，新しく会員になった人の数が，3倍に増えています。

（　　　　）

先月と今月の新しい会員数

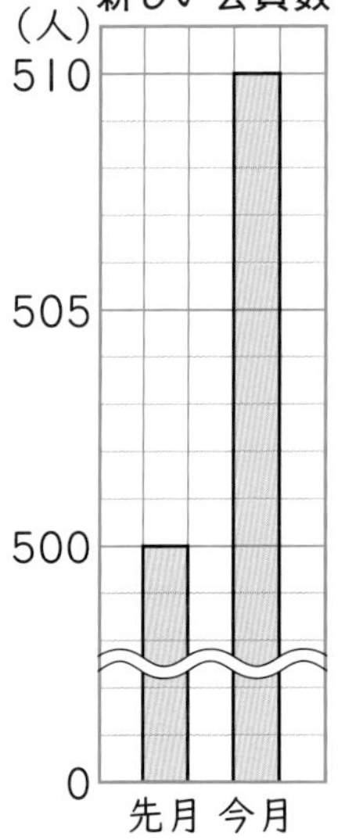

20

割《わり》合《あい》 1

分数の倍①

得点　　点

答え 別冊《べっさつ》10ページ

例

黄のリボンの長さは，赤のリボンの長さを1とすると，$40 \div 30 = \frac{4}{3}$(倍)です。
緑のリボンの長さは，赤のリボンの長さの$\frac{5}{6}$倍で，$30 \times \frac{5}{6} = 25$(cm)です。

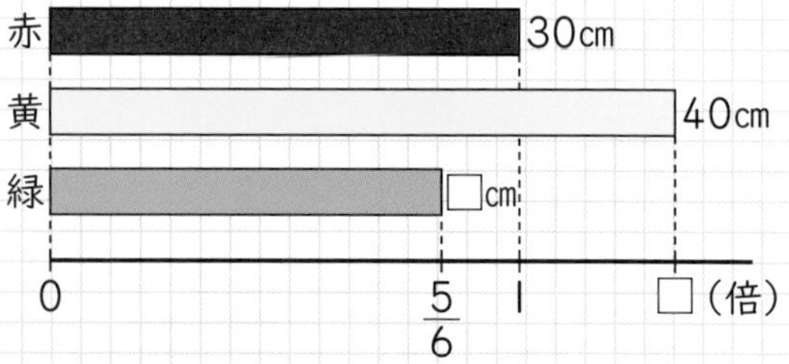

赤のリボンを1としたとき，黄のリボンは$\frac{4}{3}$，緑のリボンは$\frac{5}{6}$にあたる大きさになるよ。

1 赤，青，白の3本のテープがあります。赤と青のテープの長さは，それぞれ右の表のようになっています。次の問題に答えましょう。　［1問　10点］

赤	8m
青	5m
白	

① 赤のテープの長さは，青のテープの長さの何倍ですか。

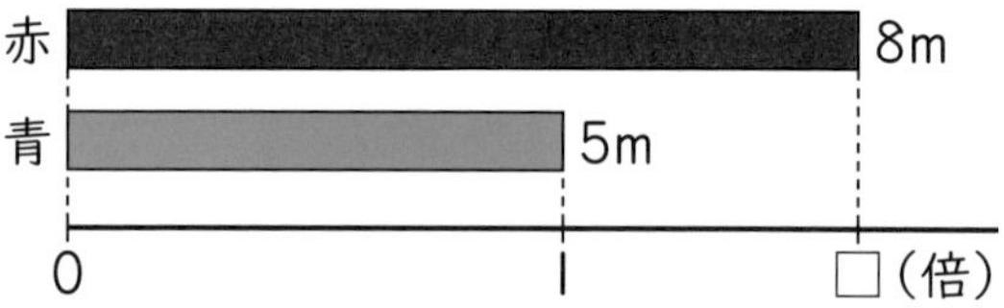

式　$8 \div 5 =$

答え（　　　　）

② 白のテープの長さは，青のテープの長さの$\frac{3}{4}$倍です。白のテープの長さは何mですか。

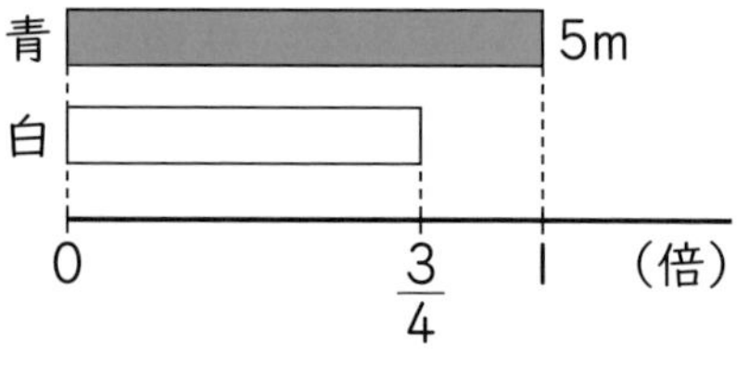

式　$5 \times \frac{3}{4} =$

答え（　　　　）

③ 赤のテープの長さは，白のテープの長さの何倍ですか。

式

答え（　　　　）

2 えん筆，ノート，筆箱があります。ノートの値段《ねだん》は240円です。えん筆の値段《ねだん》は，ノートの値段《ねだん》の$\frac{2}{3}$倍です。また，筆箱の値段《ねだん》は，ノートの値段《ねだん》の$\frac{7}{4}$倍です。次の問題に答えましょう。

［1問　14点］

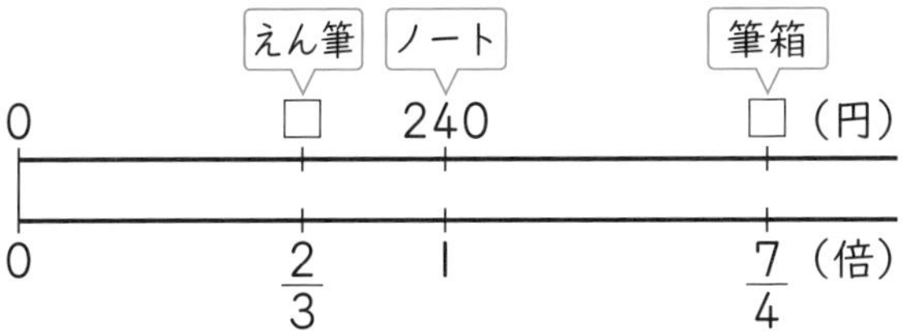

① えん筆の値段《ねだん》は，何円ですか。

式

答え（　　　　）

② 筆箱の値段《ねだん》は，何円ですか。

式

答え（　　　　）

3 4Lのジュースがあります。次の問題に答えましょう。

［1問　14点］

① 1Lは，このジュースの量の何倍ですか。

式

答え（　　　　）

② $\frac{9}{10}$Lは，このジュースの量の何倍ですか。

式

答え（　　　　）

③ $\frac{12}{7}$Lは，このジュースの量の何倍ですか。

式

答え（　　　　）

21

割《わり》合《あい》 2

分数の倍②

得点

点

答え 別冊《べっさつ》10ページ

例

青のリボンの長さは赤のリボンの長さの$\frac{5}{3}$倍で50cmです。このときの赤のリボンの長さは，赤のリボンの長さをx《エックス》cmとすると，

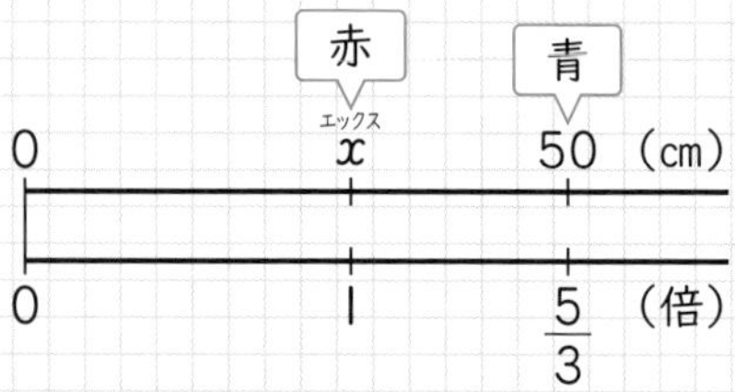

$x\times\frac{5}{3}=50$，$x=50\div\frac{5}{3}$

$=30$　　　　30cm

もとにする大きさを求めるときは，x《エックス》を使ってかけ算の式に表すといいよ。

1 お茶とジュースがあります。お茶の量は$\frac{7}{4}$Lで，これはジュースの量の$\frac{3}{8}$倍です。このときのジュースの量を求めます。次の問題に答えましょう。［1問　10点］

① ジュースの量をx《エックス》Lとして，下の数直線の□にあてはまる数を書きましょう。

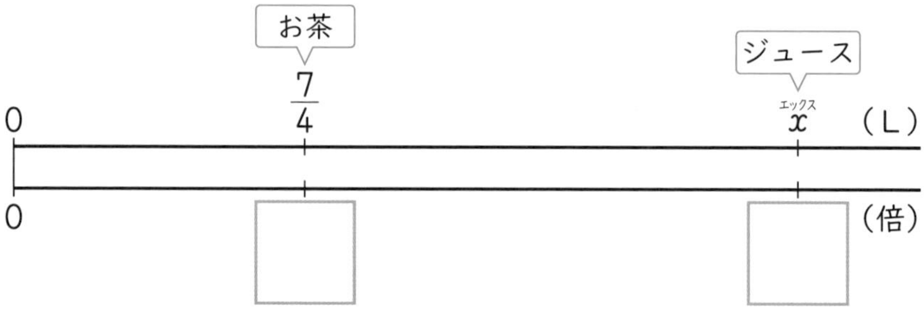

② x《エックス》を使ったかけ算の式に表しましょう。

（$x\times\frac{3}{8}=$　　　　）

③ x《エックス》にあてはまる数を求める式になおして，答えを求めましょう。

式

答え（　　　　）

2 長方形の形をした花だんがあります。横の長さは$\frac{24}{5}$mで，縦《たて》の長さの$\frac{16}{9}$倍だそうです。縦《たて》の長さは何mかを求めます。次の問題に答えましょう。

［1問　10点］

① 縦《たて》の長さをx《エックス》mとして，かけ算の式に表しましょう。

（　　　　　　）

② x《エックス》にあてはまる数を求める式になおして，答えを求めましょう。

式

答え（　　　　）

3 全体の長さの$\frac{5}{6}$に色がついたテープがあります。色のついた部分の長さは$\frac{15}{8}$mです。テープ全体の長さは何mですか。［10点］

式

答え（　　　　）

4 □にあてはまる数を答えましょう。

［1問　10点］

① □kgの$\frac{1}{3}$は12kgです。

（　　　　）

② 28人は，□人の$\frac{7}{10}$です。

（　　　　）

③ $\frac{14}{15}$Lは，□Lの$\frac{2}{9}$です。

（　　　　）

④ $\frac{3}{4}$kmの□は$\frac{9}{8}$kmです。

（　　　　）

22

割《わり》合《あい》 3

割《わり》合《あい》を表す分数①

得点

点

答え 別冊《べっさつ》11ページ

例

A《エー》さんは，ある仕事を仕上げるのに3日かかります。この仕事全体の量を1とすると，A《エー》さんが1日にする仕事の量は，全体の$\frac{1}{3}$にあたります。

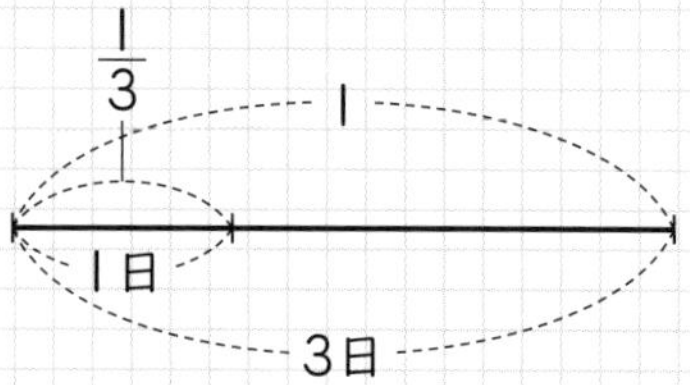

1 ある仕事を仕上げるのに，A《エー》さん1人では6日，B《ビー》さん1人では12日かかります。次の問題に答えましょう。 ［1問　10点］

① この仕事全体の量を1と考えると，A《エー》さんとB《ビー》さんが1日にする仕事の量は，それぞれ全体のどれだけにあたりますか。分数で答えましょう。

（A《エー》さん　　　　B《ビー》さん　　　　）

② A《エー》さんとB《ビー》さんの2人がいっしょに仕事をしたときに，1日にできる仕事の量は，全体のどれだけにあたりますか。

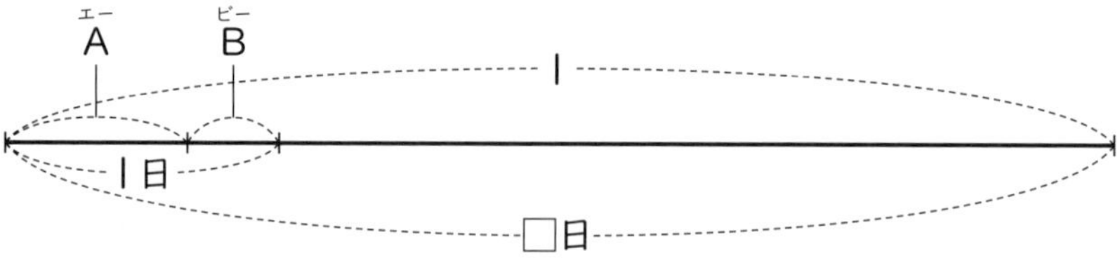

式 $\frac{1}{6}+\frac{1}{12}=$

答え（　　　　）

③ A《エー》さんとB《ビー》さんの2人がいっしょに仕事をすると，何日で仕上げることができますか。

式 $1\div\frac{1}{4}=$

答え（　　　　）

2 ある仕事があります。1日に全体の$\frac{1}{7}$の仕事をしていきます。この仕事を仕上げるには何日かかりますか。 ［10点］

式 $1\div\frac{1}{7}=$

答え（　　　　）

3 水そういっぱいに水を入れるのに，A《エー》のじゃ口では12分，B《ビー》のじゃ口では24分かかります。A《エー》とB《ビー》のじゃ口を同時に使うと，何分でいっぱいになりますか。

［15点］

式 $1\div\left(\frac{1}{12}+\frac{1}{24}\right)=$

答え（　　　　）

4 へいをつくる仕事を仕上げるのに，A《エー》さん1人では15日，B《ビー》さん1人では10日かかります。この仕事をA《エー》さんとB《ビー》さんの2人ですると，何日で仕上げることができますか。

［15点］

式

答え（　　　　）

5 水そういっぱいに水を入れるのに，A《エー》の管では6分，B《ビー》の管では9分，C《シー》の管では18分かかります。A《エー》，B《ビー》，C《シー》の管を同時に使うと，何分でいっぱいになりますか。

［15点］

式 $1\div\left(\frac{1}{6}+\frac{1}{9}+\frac{1}{18}\right)=$

答え（　　　　）

6 畑の草取りをするのに，A《エー》さん1人では40分，B《ビー》さん1人では24分，C《シー》さん1人では30分かかります。この仕事をA《エー》さんとB《ビー》さんとC《シー》さんの3人でいっしょにすると，何分で仕上げることができますか。

［15点］

式

答え（　　　　）

23

割《わり》合《あい》 4

割《わり》合《あい》を表す分数②

得点　　点

答え　別冊《べっさつ》11ページ

例

家から公園まで行くのに，歩いて5分かかります。
この道のり全体を1とみると，
1分間に歩く道のりは，道のり全体の$\frac{1}{5}$にあたります。

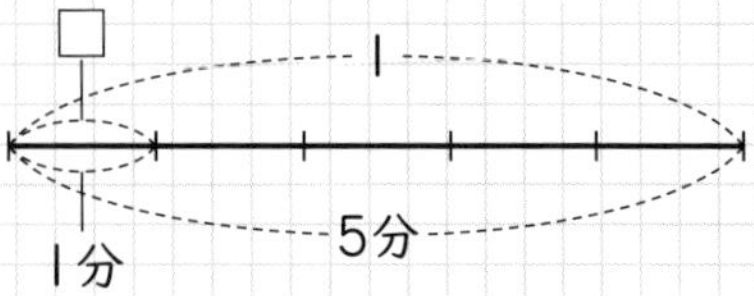

1 みおさんは，家から学校まで行くのに，歩いて15分かかります。家から学校までの道のり全体を1として，次の問題に答えましょう。　［1問　10点］

① 1分間に歩く道のりは，道のり全体のどれだけにあたりますか。

（　　　　）

② 8分間に歩く道のりは，道のり全体のどれだけにあたりますか。

式　$\frac{1}{15}\times 8=$

答え（　　　　）

③ 11分歩くと，残りの道のりは，道のり全体のどれだけにあたりますか。

式　$1-\frac{1}{15}\times 11=$

答え（　　　　）

2 りくさんは，家から駅まで行くのに，走ると7分かかります。3分走ると，残りの道のりは，道のり全体のどれだけにあたりますか。　［10点］

式

答え（　　　　）

例

歩けば12分，走れば4分かかる道のりを，はじめ6分歩き，そのあと走って行きました。この道のり全体を1とすると，走った道のりは全体の$\frac{1}{2}$にあたるので，走った時間は，

$\frac{1}{2}\div\frac{1}{4}=2$　　2分

走った道のり　　1分間に走る道のり（速さ）

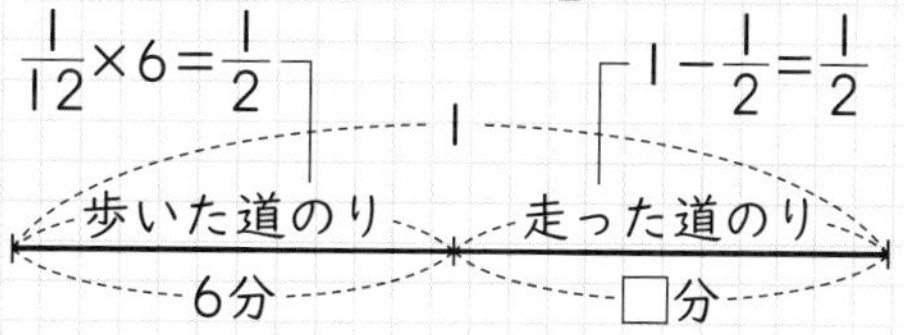

3 あかりさんは，家から学校まで行くのに，歩けば18分，走れば6分かかります。あかりさんは，はじめ9分歩き，そのあと走って学校まで行きました。次の問題に答えましょう。　［1問　15点］

① 道のり全体を1とすると，走った道のりは，道のり全体のどれだけにあたりますか。

式　$1-\frac{1}{18}\times9=$

答え（　　　）

② 走った時間は何分ですか。

式

答え（　　　）

4 ゆうとさんは，家から図書館まで行くのに，歩けば20分，走れば10分かかります。ゆうとさんは，はじめ8分歩き，そのあと走って図書館に行きました。走った時間は何分ですか。　［15点］

式

答え（　　　）

5 まなさんは，家から公園まで行くのに，歩けば15分，走れば9分かかります。まなさんは，はじめ3分走り，そのあと歩いて公園に行きました。歩いた時間は何分ですか。　［15点］

式

答え（　　　）

24 割合《わりあい》 5

割合《わりあい》を表す分数③

得点　　点

答え　別冊《べっさつ》12ページ

例

1分間に全体の道のりの $\frac{1}{10}$ を歩くとき，
全体の道のりの $\frac{1}{5}$ を歩くのにかかる時間は，

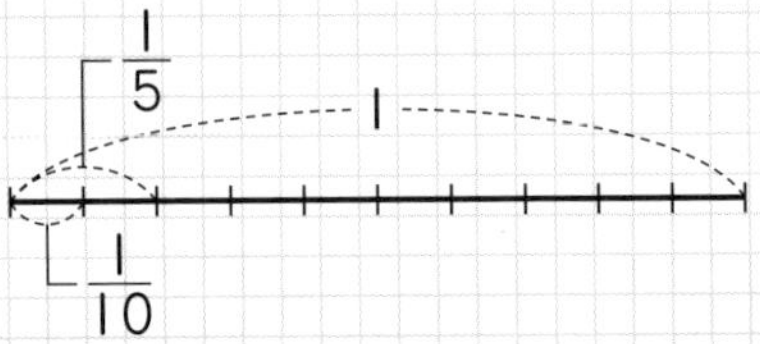

$\frac{1}{5}\div\frac{1}{10}=2$　　　2分

実際の道のりがわからないときでも，割合《わりあい》を使って時間を求めることができるよ。

1 1分間に全体の道のりの $\frac{1}{8}$ を歩きます。全体の道のりの $\frac{1}{4}$ を歩くには何分かかりますか。 ［12点］

式　$\frac{1}{4}\div\frac{1}{8}=$

答え（　　　　）

2 1分間に全体の道のりの $\frac{1}{14}$ を歩きます。全体の道のりの $\frac{1}{2}$ を歩くには何分かかりますか。 ［12点］

式

答え（　　　　）

3 1分間に全体の道のりの $\frac{1}{18}$ を歩きます。全体の道のりの $\frac{5}{6}$ を歩くには何分かかりますか。 ［12点］

式

答え（　　　　）

例

青のリボンの長さは8mで，赤のリボンの長さは，青のリボンの長さより$\frac{1}{4}$だけ長いそうです。赤のリボンの長さは，

$8\times\left(1+\frac{1}{4}\right)=8\times\frac{5}{4}$

$=10$　　　10m

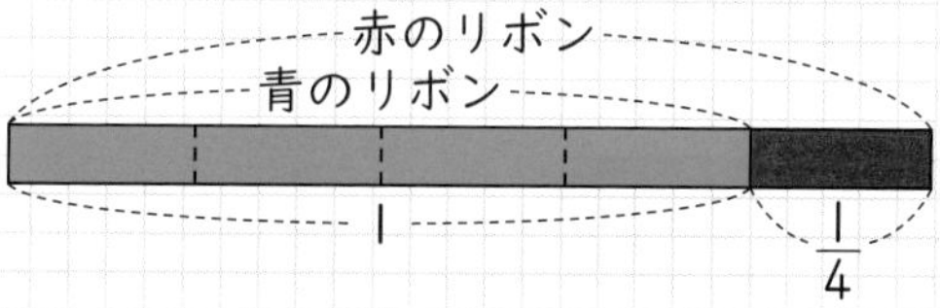

4 りんごが15個あります。みかんの数は，りんごの数の$\frac{1}{3}$だけ多くあります。みかんの個数は何個ですか。　［16点］

式　$15\times\left(1+\frac{1}{3}\right)=$

答え（　　　　）

5 いつきさんの身長は147cmです。お兄さんの身長は，いつきさんの身長の$\frac{1}{7}$だけ高いそうです。お兄さんの身長は何cmですか。　［16点］

式

答え（　　　　）

6 リボンが8mあります。そのうちの$\frac{1}{4}$を使ったら，残りの長さは何mですか。　［16点］

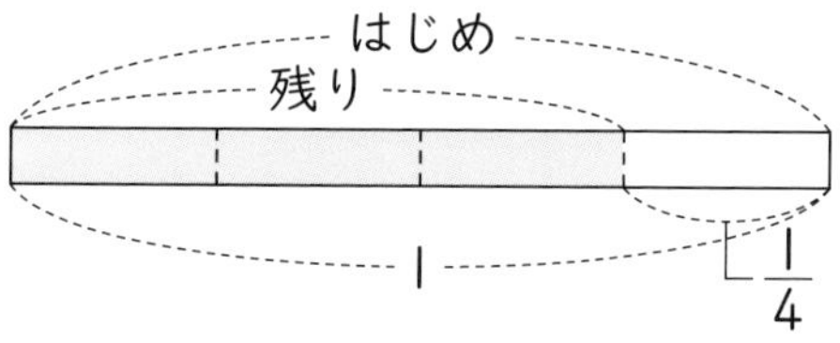

式　$8\times\left(1-\frac{1}{4}\right)=$

答え（　　　　）

7 赤のテープの長さは18mで，緑のテープの長さは，赤のテープの長さの$\frac{1}{6}$だけ短いそうです。緑のテープの長さは何mですか。　［16点］

式

答え（　　　　）

25 比 1

比

得点　　点

答え 別冊《べっさつ》13ページ

覚えよう

右のA《エー》とB《ビー》の長さの割合《わりあい》は，

　2：3（二対三）

と表し，A《エー》とB《ビー》の長さの比《ひ》といいます。

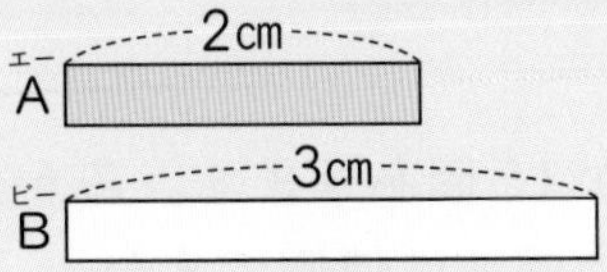

1 次のA《エー》とB《ビー》を比で表しましょう。

［1問　5点］

① A《エー》とB《ビー》の量の比

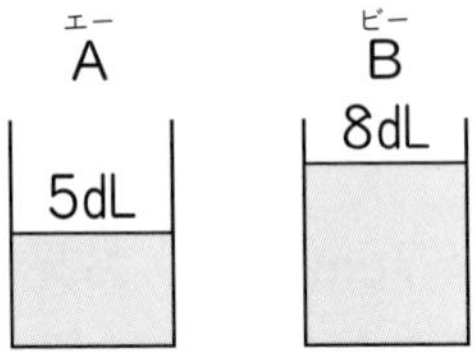

（ 5： ）

② A《エー》とB《ビー》の長さの比

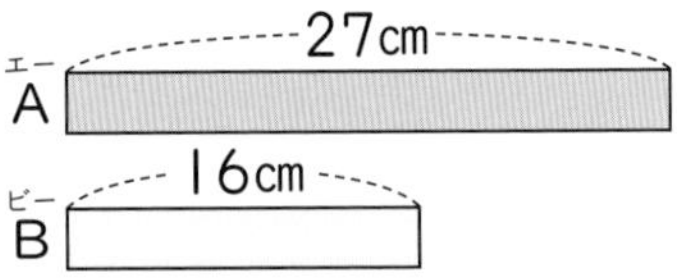

（　　　）

2 お茶が4L，ジュースが7Lあります。お茶とジュースの量を比で表しましょう。

［6点］

（　　　）

3 5年生が21人，6年生が19人います。5年生と6年生の人数を比で表しましょう。

［6点］

（　　　）

4 縦《たて》の長さが10cm，横の長さが13cmの長方形があります。この長方形の縦《たて》と横の長さを比で表しましょう。

［6点］

（　　　）

覚えよう

A《エー》：B《ビー》の比で，A《エー》がB《ビー》の何倍になっているかを表す数を**比の値《あたい》**といいます。

2：3　→　2÷3=$\frac{2}{3}$

比の値《あたい》

5 次のA《エー》とB《ビー》で，B《ビー》を1とみたときA《エー》はいくつにあたりますか。

［1問　6点］

①
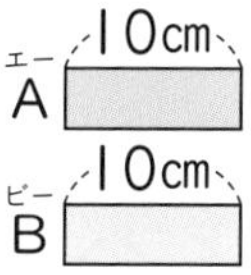

②
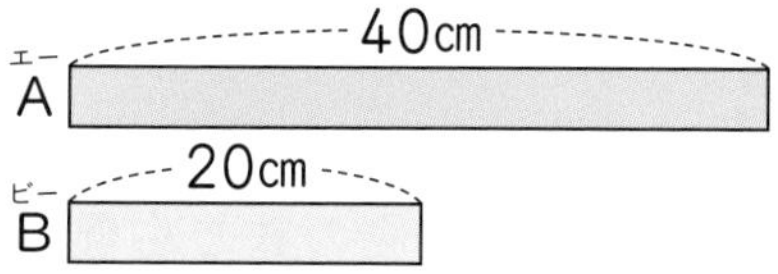

③
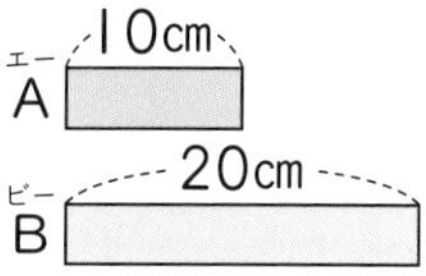

④
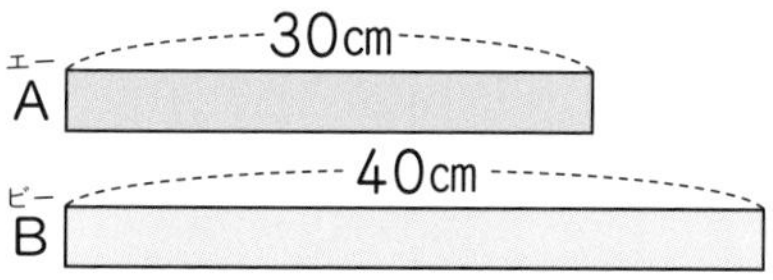

6 次の比の値《あたい》を求めましょう。約分できるものは約分して答えましょう。

［1問　6点］

① 1：4

② 6：7

③ 14：9

④ 11：20

⑤ 5：1

⑥ 12：3

⑦ 30：45

⑧ 24：64

26

比 2

等しい比①

得点

点

答え 別冊《べっさつ》13ページ

覚えよう

×2

2：3＝4：6

×2

÷2

4：6＝2：3

÷2

a《エー》：b《ビー》の，a《エー》とb《ビー》に同じ数をかけても，a《エー》とb《ビー》を同じ数でわっても，比は等しくなります。

1 比の：の左側の数と右側の数に同じ数をかけて，等しい比をつくります。次の問題に答えましょう。 ［1問　4点］

3：4＝9：□

① 左の□の数を求めるには，4にいくつをかければよいですか。

（　　　）

② 左の□にあてはまる数を書きましょう。

2 比の：の左側の数と右側の数を同じ数でわって，等しい比をつくります。次の問題に答えましょう。 ［1問　4点］

10：12＝5：□

① 左の□の数を求めるには，12をいくつでわればよいですか。

（　　　）

② 左の□にあてはまる数を書きましょう。

3 次の□にあてはまる数を書きましょう。 ［1問　6点］

① ×□

4：7＝12：21

×□

② ÷□

50：15＝10：3

÷□

4 次の比と等しい比を，それぞれ2つずつつくりましょう。

［1問　6点］

① 1：2

（　2：4，　　　　）

② 6：10

（　　　　　　　　）

5 次の2つの比が，等しいかどうか答えましょう。

［1問　6点］

① 4：9と12：27

（　　　　）

② 20：16と10：9

（　　　　）

6 次のx《エックス》にあてはまる数を求めましょう。

［1問　6点］

① $2:5=x:15$

（　　　　）

② $8:3=56:x$

（　　　　）

③ $12:28=x:7$

（　　　　）

④ $20:45=4:x$

（　　　　）

⑤ $x:5=48:40$

（　　　　）

⑥ $x:60=9:10$

（　　　　）

⑦ $8:x=24:45$

（　　　　）

⑧ $63:x=7:2$

（　　　　）

27 比 3

等しい比②

得点　　点

答え　別冊《べっさつ》14ページ

覚えよう

比をできるだけ小さい整数の比になおすことを，比を簡単《かんたん》にするといいます。

$$16:24=2:3$$

（16 ÷8 → 2，24 ÷8 → 3）

16と24の最大公約数でわると，比を簡単《かんたん》にできるね。

1 12：16を，等しい比で，できるだけ小さい整数の比になおして，比を簡単《かんたん》にします。次の問題に答えましょう。［1問　4点］

12：16＝□：□

① 12：16の：の左側の数と右側の数を，いくつでわればよいですか。

（　　　　）

② 左の□にあてはまる数を書きましょう。

2 次の比を簡単《かんたん》にしましょう。［1問　6点］

① 18：21　（　　　　）

② 45：20　（　　　　）

③ 56：35　（　　　　）

④ 12：26　（　　　　）

⑤ 84：24　（　　　　）

⑥ 300：500　（　　　　）

例

小数や分数で表された比は，整数になおしてから簡単《かんたん》にします。

$0.6:1.4=(0.6\times10):(1.4\times10)$
$=6:14$
$=3:7$

$\frac{2}{3}:\frac{2}{5}=\left(\frac{2}{3}\times15\right):\left(\frac{2}{5}\times15\right)$
$=10:6$
$=5:3$

3 次の比を簡単《かんたん》にしましょう。

［1問　7点］

① $1.8:4.8$

（　　　　）

② $1.5:0.6$

（　　　　）

③ $\frac{3}{4}:\frac{5}{6}$

（　　　　）

④ $\frac{6}{7}:\frac{9}{14}$

（　　　　）

4 次の比を，簡単《かんたん》な整数の比で表しましょう。

［1問　7点］

① 長方形の形をした花だんの縦《たて》0.8mと横1.2mの長さの比

（　　　　）

② すを75mL，サラダ油を100mL使ってドレッシングをつくるときのすとサラダ油の量の比

（　　　　）

③ 大きいたまご72gと小さいたまご56gの重さの比

（　　　　）

④ ジュース$\frac{9}{10}$Lと牛乳《ぎゅうにゅう》$\frac{3}{2}$Lの量の比

（　　　　）

28

比 4

比の利用①

得点　　点

答え　別冊《べっさつ》14ページ

例

縦《たて》と横の長さの比が2：3の長方形があり，縦《たて》の長さは16cmです。この長方形の横の長さは，横の長さを x《エックス》cmとすると，

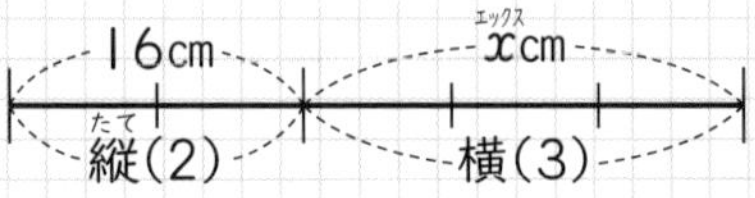

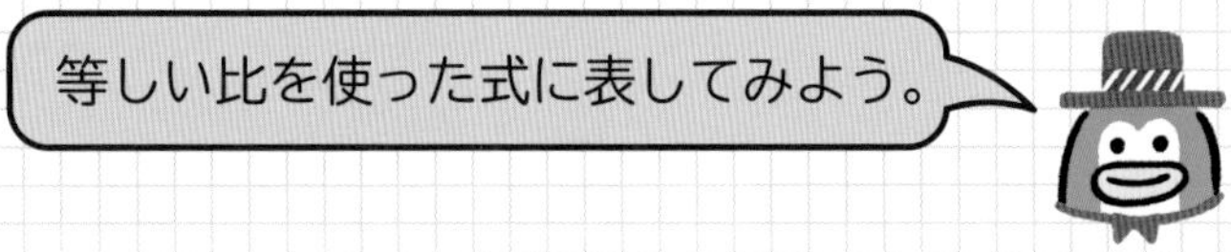

×8

$2:3=16:x$

×8

$x=3\times8$

$=24$　　　24cm

1　赤の色紙と青の色紙の枚数《まいすう》の比は5：6で，赤の色紙は45枚《まい》あります。このときの青の色紙の枚数《まいすう》を求めます。次の問題に答えましょう。　［1問　10点］

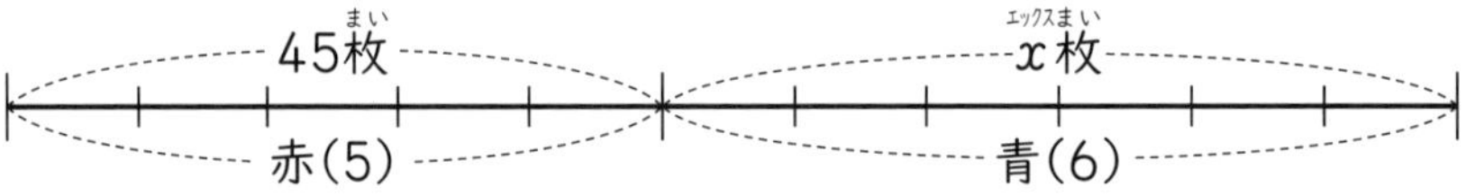

① 青の色紙の枚数《まいすう》を x《エックス》枚《まい》として，等しい比を使った式に表しましょう。

（5：6＝　　　　　　）

② 青の色紙の枚数《まいすう》を求めましょう。

（　　　　）

2　みかんとりんごの個数の比は7：3で，みかんは28個あります。りんごは何個ありますか。　［10点］

式　りんごの個数を x《エックス》個とすると

7：3＝

答え（　　　　）

3 食塩と水を1：8の重さの比で混ぜあわせて食塩水をつくります。水を200gにすると，食塩は何g必要ですか。［14点］

式

答え（　　　）

4 縦《たて》と横の長さの比が3：4になるような長方形の旗をつくります。横の長さを60cmにすると，縦《たて》の長さは何cmになりますか。［14点］

式

答え（　　　）

5 すとオリーブ油を4：5の量の比で混ぜて，ドレッシングをつくります。すを120mL使うと，オリーブ油は何mL必要ですか。［14点］

式

答え（　　　）

6 花だんの赤い花と白い花の本数の比は9：7で，白い花は42本あります。赤い花は何本ありますか。［14点］

式

答え（　　　）

7 ななみさんの学年の1組と2組の人数の比は7：6で，2組は30人います。1組は何人いますか。［14点］

式

答え（　　　）

29 比 5

比の利用②

得点　点

答え 別冊《べっさつ》14ページ

例

縦《たて》と横の長さの比が3：5の長方形があり，横の長さは20cmです。この長方形の縦《たて》の長さは，

$20\times\frac{3}{5}=12$　　　12cm

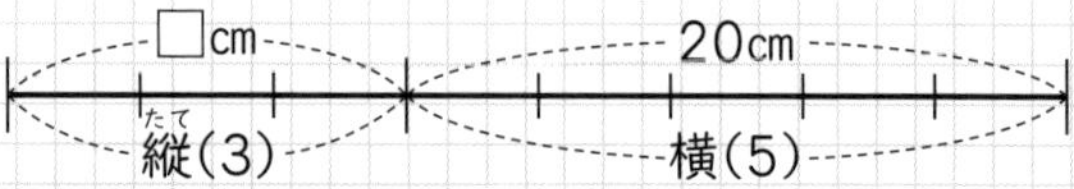

横の長さを1とみると，縦《たて》の長さは$\frac{3}{5}$にあたるよ。

1 コーヒーと牛乳《ぎゅうにゅう》を4：7の量の比で混ぜて，コーヒー牛乳《ぎゅうにゅう》をつくります。コーヒーを100mL使うときに必要な牛乳《ぎゅうにゅう》の量を求めます。次の問題に答えましょう。　［1問　10点］

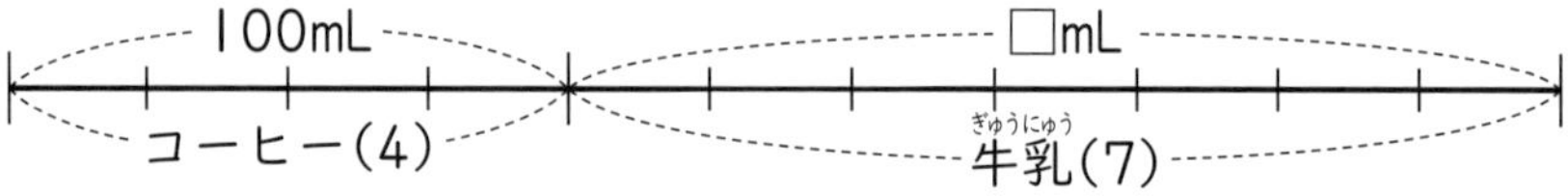

① コーヒーの量を1とみると，牛乳《ぎゅうにゅう》の量はいくつにあたりますか。

（　　　　）

② 牛乳《ぎゅうにゅう》の量を求めましょう。

式　$100\times\frac{7}{4}=$

答え（　　　　）

2 赤のリボンと青のリボンの長さの比は8：9で，青のリボンは90cmです。赤のリボンは何cmですか。　［10点］

式　$90\times\frac{\square}{\square}=$

答え（　　　　）

3 みかんとりんごの個数の比は5：2で，りんごは14個あります。みかんは何個ありますか。 ［14点］

式

答え（　　　　）

4 砂糖《さとう》と水を3：10の重さの比で混ぜあわせて，砂糖水《さとうすい》をつくります。水を200gにすると，砂糖《さとう》は何g必要ですか。 ［14点］

式

答え（　　　　）

5 緑の色紙と青の色紙の枚数《まいすう》の比は8：7で，青の色紙は42枚《まい》あります。緑の色紙は何枚《なんまい》ありますか。 ［14点］

式

答え（　　　　）

6 学校の図書室にある物語の本と科学の本の冊数《さっすう》の比は9：2で，物語の本は324冊《さつ》あるそうです。科学の本は何冊《なんさつ》ありますか。 ［14点］

式

答え（　　　　）

7 ゆうとさんの学校の5年生と6年生の人数の比は15：14で，5年生は135人います。6年生は何人いますか。 ［14点］

式

答え（　　　　）

30 比 6

比の利用③

得点　　点

答え 別冊《べっさつ》15ページ

例

ドレッシングを100mLつくります。すとサラダ油を2：3の量の比で混ぜるとき，必要なすの量は，すの量をx《エックス》mLとすると，

$2:5=x:100$

$x=2\times20$

$=40$　　　40mL

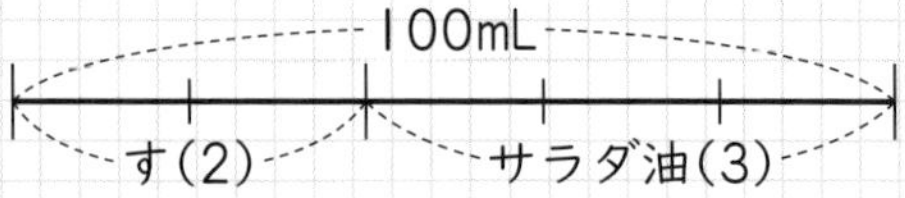

すの量を2とすると，ドレッシング全体の量は2＋3＝5と表せるよ。

1 90枚《まい》の色紙を，A《エー》さんとB《ビー》さんの色紙の枚数《まいすう》の比が5：4になるように分けるときの，A《エー》さんの分の枚数《まいすう》を求めます。次の問題に答えましょう。

［1問　10点］

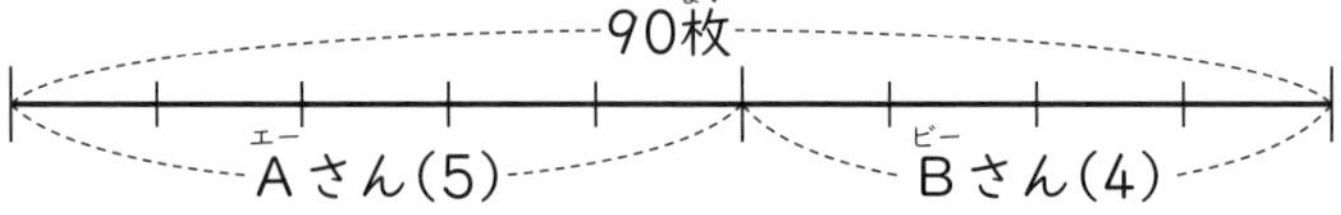

① A《エー》さんの分と全体の枚数《まいすう》の比を求めましょう。

(　　　　)

② A《エー》さんの分の枚数《まいすう》をx《エックス》枚《まい》として，答えを求めましょう。

式　5：9＝

答え (　　　　)

2 花だんに52本の花を植えます。赤い花と白い花の本数の比が6：7になるようにするとき，赤い花は何本植えればよいですか。　［15点］

式　赤い花の本数をx《エックス》本とすると

6：13＝

答え (　　　　)

例

450mLのジュースを，はやとさんと妹が，7：8の比になるように分けて飲みます。はやとさんの分の量は，ジュース全体の量を1とみると，$\frac{7}{15}$にあたるので，

$450\times\frac{7}{15}=210$　　　210mL

3 96cmのリボンを，長さの比が3：5になるように切り分けます。次の問題に答えましょう。［1問　10点］

① 長いほうのリボンの長さは，リボン全体の長さを1とみると，いくつにあたりますか。

（　　　　）

② 長いほうのリボンの長さを求めましょう。

式　$96\times\frac{5}{8}=$

答え（　　　　）

4 お父さんから，おこづかいを1400円もらいました。はるかさんと弟で4：3の比になるように分けます。はるかさんは何円もらえますか。［15点］

式

答え（　　　　）

5 食塩と水を1：9の重さの比で混ぜあわせて，300gの食塩水をつくります。食塩は何g必要ですか。［15点］

式

答え（　　　　）

6 赤の色紙と黄の色紙の枚数《まいすう》の比は5：2で，全部で224枚《まい》あります。赤の色紙は何枚《なんまい》ありますか。［15点］

式

答え（　　　　）

31

比 7

比の利用④

得点

点

答え 別冊《べっさつ》15ページ

ポイント!

牛乳《ぎゅうにゅう》と紅茶《こうちゃ》を4：3の量の比で混ぜてミルクティーをつくるとき，全体の量は，4＋3＝7とみることができます。

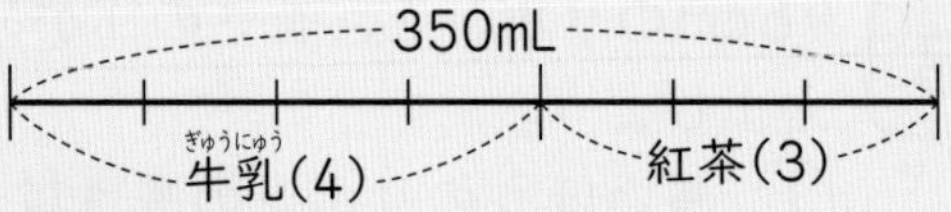

全体をきまった比に分けるときは，全体の量をいくつとみることができるかを考えよう。

1 上の ポイント! の問題の比で，350mLのミルクティーをつくります。牛乳《ぎゅうにゅう》と紅茶《こうちゃ》は，それぞれ何mLずつ必要ですか。 ［10点］

式

答え （牛乳《ぎゅうにゅう》　　　　紅茶《こうちゃ》　　　　）

2 大人と子どもがあわせて165人います。大人と子どもの人数の比は7：8だそうです。大人と子どもは，それぞれ何人ずついますか。 ［15点］

式

答え （大人　　　　子ども　　　　）

3 36個のみかんを，かほさんとれんさんで5：4の比になるように分けます。かほさんとれんさんは，それぞれ何個ずつもらえますか。 ［15点］

式

答え （かほ　　　　れん　　　　）

4 青色のペンキと黄色のペンキを，体積の比が3：2になるように混ぜて，20Lの緑のペンキをつくります。青色のペンキと黄色のペンキは，それぞれ何Lずつ必要ですか。 ［15点］

式

答え（青色　　　　黄色　　　　）

5 650mLの水を，A《エー》，B《ビー》の2つのびんに，8：5の量の比になるように分けて入れます。A《エー》とB《ビー》のびんに，それぞれ何mLずつ入れればよいですか。 ［15点］

式

答え（A《エー》　　　　B《ビー》　　　　）

6 砂糖《さとう》と水を2：9の重さの比で混ぜあわせて，275gの砂糖水《さとうすい》をつくります。砂《さ》糖《とう》と水は，それぞれ何gずつ必要ですか。 ［15点］

式

答え（砂糖《さとう》　　　　水　　　　）

7 3480円のプレゼントを，りょうたさんと妹は，7：5の金額の比になるようにお金を出しあって買おうとしています。りょうたさんと妹は，それぞれ何円ずつ出せばよいですか。 ［15点］

式

答え（りょうた　　　　妹　　　　）

32

比例と反比例 1

比例

得点　　点

答え　別冊《べっさつ》16ページ

覚えよう

2つの量x《エックス》とy《ワイ》があって，x《エックス》の値《あたい》が2倍，3倍，…になると，それにともなってy《ワイ》の値《あたい》も2倍，3倍，…になるとき，y《ワイ》はx《エックス》に**比例**するといいます。

（x：1→2 は2倍，1→3 は3倍／y：4→8 は2倍，4→12 は3倍）

x《エックス》	1	2	3	4
y《ワイ》	4	8	12	16

1　2つの量x《エックス》とy《ワイ》について，下の表のような関係があります。次の問題に答えましょう。　［1つ　6点］

（x：1→2 は2倍，1→3 は3倍，6→3 は$\frac{1}{2}$倍，9→3 は$\frac{1}{3}$倍）

x《エックス》	1	2	3	4	5	6	7	8	9
y《ワイ》	3	6	9	12	15	18	21	24	27

（y：3→6 は ア 倍，3→9 は イ 倍，18→9 は ウ 倍，27→9 は エ 倍）

① 表のア～エにあてはまる数を求めましょう。

ア（　　　）　イ（　　　）

ウ（　　　）　エ（　　　）

② x《エックス》の値《あたい》が2から4と，2倍になると，それに対応するy《ワイ》の値《あたい》は何倍になりますか。また，x《エックス》の値《あたい》が2から6と，3倍になると，それに対応するy《ワイ》の値《あたい》は何倍になりますか。

2から4（　　　）　2から6（　　　）

③ y《ワイ》はx《エックス》に比例しますか，比例しませんか。

（　　　）

2 1mの重さが2kgの鉄の棒《ぼう》の長さx《エックス》mと重さy《ワイ》kgの関係を，下の表にまとめます。次の問題に答えましょう。 ［1問　6点］

長　さx《エックス》(m)	1	2	3	4	5	6
重　さy《ワイ》(kg)	2	4	6	8		

① 表のあいているところに数を書きましょう。

② 長さが2倍，3倍，…になると，重さはどのように変わっていきますか。

(　　　　　　　　　　)

③ 長さが$\frac{1}{2}$倍，$\frac{1}{3}$倍，…になると，重さはどのように変わっていきますか。

(　　　　　　　　　　)

3 次の①～④の2つの量は，どのように変化していきますか。表のあいているところに数を書き入れて，表を完成させましょう。また，2つの量が比例するものには○を，比例しないものには×を(　　)にかきましょう。 ［1問　10点］

① 水そうに水を1分間に5Lずつ入れるときの入れる時間x《エックス》分とたまる水の量y《ワイ》L

時　間x《エックス》(分)	1	2	3	4	5	6
水の量　y《ワイ》(L)	5	10	15	20		

(　　　)

② 面積12cm^2の長方形の縦《たて》の長さx《エックス》cmと横の長さy《ワイ》cm

縦《たて》の長さx《エックス》(cm)	1	2	3	4	5	6
横の長さy《ワイ》(cm)	12	6				

(　　　)

③ 誕生日《たんじょうび》が同じ日の姉の年れいx《エックス》才と弟の年れいy《ワイ》才

姉の年れいx《エックス》(才)	11	12	13	14	15	16
弟の年れいy《ワイ》(才)	6	7				

(　　　)

④ 時速45kmで走る自動車の走る時間x《エックス》時間と進む道のりy《ワイ》km

時　間x《エックス》(時間)	1	2	3	4	5	6
道のりy《ワイ》(km)	45	90				

(　　　)

33 比例と反比例 2
比例の式

得点
点

答え 別冊《べっさつ》17ページ

覚えよう

y《ワイ》がx《エックス》に比例するとき，x《エックス》とy《ワイ》の関係は，次の式で表すことができます。

y=きまった数×x

右の表のx《エックス》とy《ワイ》の関係を式に表すと，
y=4×x　となります。

x《エックス》	1	2	3	4	5	6
y《ワイ》	4	8	12	16	20	24

「きまった数」は，y÷xで求めるよ。
4÷1=4，8÷2=4，12÷3=4，…，いつも4になるね。

1 下の表は，1分間に6Lずつ水そうに水を入れるときの時間x《エックス》分とたまる水の量y《ワイ》Lの関係を表したものです。次の問題に答えましょう。　［1問　9点］

時　間　x《エックス》(分)	1	2	3	4	5	6
水の量　y《ワイ》(L)	6	12	18	24	30	36
y《ワイ》をx《エックス》でわった商	6					

① y《ワイ》はx《エックス》に比例しますか。

（　　　　　　）

② x《エックス》の値《あたい》でそれに対応するy《ワイ》の値《あたい》をわった商を求めます。表のあいているところに数を書きましょう。

③ x《エックス》とy《ワイ》の関係を表す式をつくります。□にあてはまる数を書きましょう。

式　y=□×x

④ 10分間水を入れると，何Lの水がたまりますか。

式　y=6×10

答え（　　　　　　）

2 次の①～③では，y《ワイ》はx《エックス》に比例します。$y=\square\times x$の□にあてはまる数を書きましょう。

［1問　8点］

①

x《エックス》	1	2	3	4	5	6
y《ワイ》	2	4	6	8	10	12

式　$y=$ 2 $\times x$

②

x《エックス》	1	2	3	4	5	6
y《ワイ》	15	30	45	60	75	90

式　$y=\square\times x$

③

x《エックス》	1	2	3	4	5	6
y《ワイ》	9	18	27	36	45	54

式　$y=\square\times x$

3 縦《たて》の長さが7cmの長方形の横の長さx《エックス》cmと面積y《ワイ》cm²の関係を，下の表にまとめます。次の問題に答えましょう。

［1問　10点］

横の長さ　x《エックス》(cm)	1	2	3	4	5	6
面　積　y《ワイ》(cm²)	7					

① 表のあいているところに数を書きましょう。

② x《エックス》とy《ワイ》の関係を式に表しましょう。

（$y=$　　　　）

③ 横の長さが12cmのとき，面積は何cm²ですか。

式

答え（　　　　）

④ 面積が105cm²になるのは，横の長さが何cmのときですか。

式

答え（　　　　）

34 比例と反比例 3

比例のグラフ①

得点

点

答え 別冊《べっさつ》17ページ

覚えよう

x《エックス》	0	1	2	3	4	5	6	7
y《ワイ》	0	2	4	6	8	10	12	14

比例する2つの数量x《エックス》とy《ワイ》の値《あたい》の組を表す点をとってつなぐと，右の図のような直線になります。

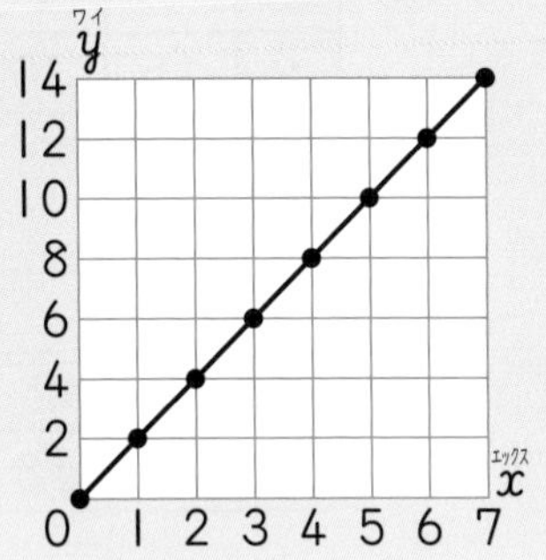

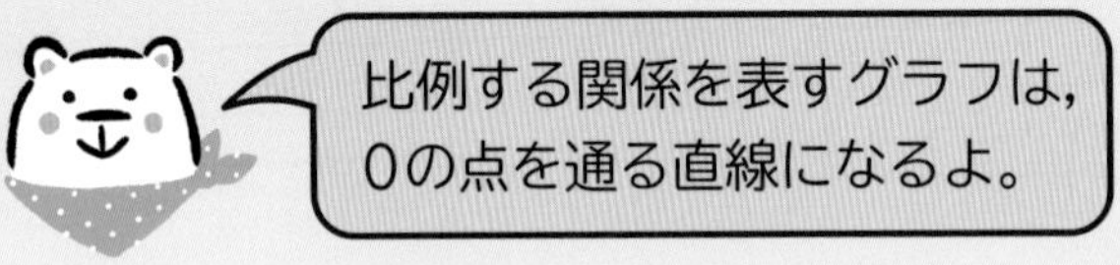

1 1分間に5Lずつ水そうに水を入れるとき，たまる水の量y《ワイ》Lは時間x《エックス》分に比例します。この関係を下の表に表して，グラフをかきます。次の問題に答えましょう。 ［1問　8点］

水を入れる時間とたまる水の量

時　間x《エックス》(分)	0	1	2	3	4	5	6	7	8	9
水の量　y《ワイ》(L)	0	5								

① 表のあいているところに数を書きましょう。

② x《エックス》とy《ワイ》の関係を式に表しましょう。 （y=　　　　）

③ 上の表のx《エックス》とy《ワイ》の値《あたい》の組を表す点を，右の方眼紙にかき入れましょう。

④ ③でとった点を結び，グラフをかきましょう。

⑤ グラフの点は，どのように並《なら》んでいますか。

（　　　　　　　　）

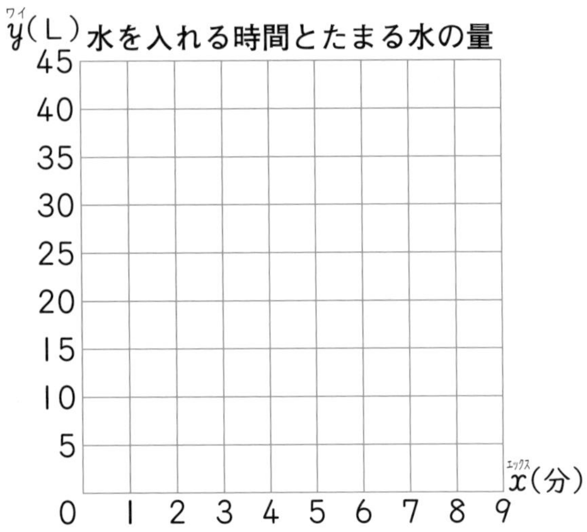

2 時速40kmで走る自動車の走った道のりy《ワイ》kmが走った時間x《エックス》時間に比例する関係を，下の表にまとめます。次の問題に答えましょう。 ［1問　10点］

走った時間と道のり

時　間　x《エックス》(時間)	1	2	3	4	5	6
道のり　y《ワイ》(km)	40					

① 表のあいているところに数を書きましょう。

② x《エックス》とy《ワイ》の関係を式に表しましょう。

（y=　　　　　）

③ x《エックス》とy《ワイ》の関係を，右の方眼紙に表しましょう。

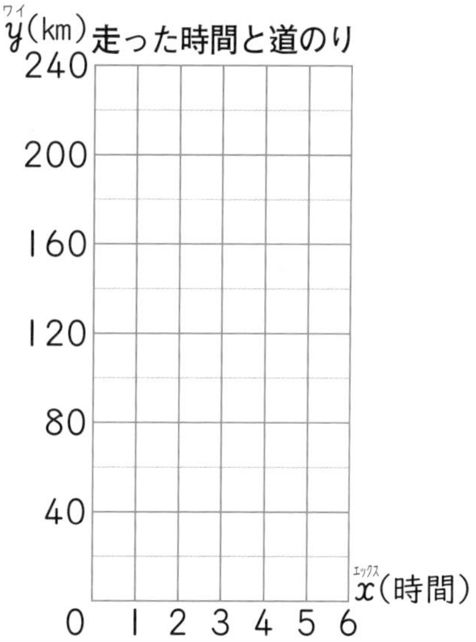

3 針金《はりがね》の重さy《ワイ》gが長さx《エックス》mに比例する関係を，下の表にまとめます。次の問題に答えましょう。 ［1問　10点］

針金《はりがね》の長さと重さ

長　さ　x《エックス》(m)	1	2	3	4	5	6	7
重　さ　y《ワイ》(g)	15						

① 表のあいているところに数を書きましょう。

② x《エックス》とy《ワイ》の関係を式に表しましょう。

（y=　　　　　）

③ x《エックス》とy《ワイ》の関係を，右の方眼紙に表しましょう。

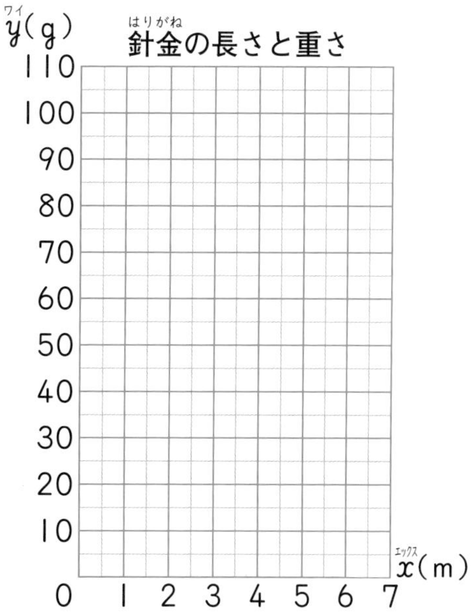

35 比例と反比例 4

比例のグラフ②

得点　　点

答え　別冊《べっさつ》18ページ

例

右のグラフで，水を2分間入れたときの水の深さは，8cmです。

x《エックス》の値《あたい》が2のとき，それに対応するy《ワイ》の値《あたい》を読み取るよ。

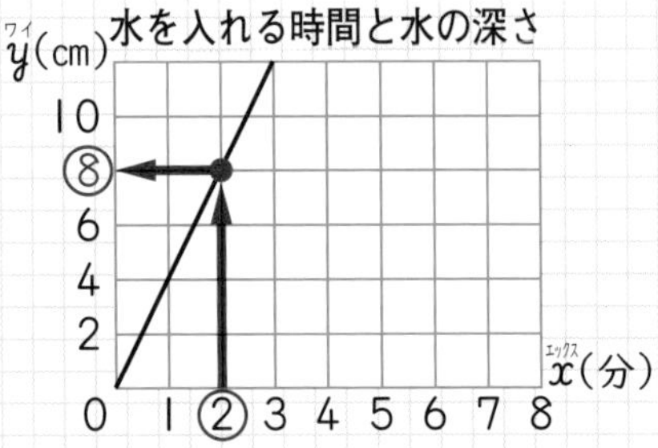

1　下のグラフは，水そうに水を入れる時間x《エックス》分とたまる水の深さy《ワイ》cmの関係を表したものです。次の問題に答えましょう。［1問　6点］

① 水の深さは，入れる時間に比例しますか。

② 水を7分間入れると，水の深さは何cmになりますか。

③ 水の深さが20cmになるのは，何分間水を入れたときですか。

④ 1分間に何cm水がたまりますか。

⑤ x《エックス》とy《ワイ》の関係を式に表しましょう。

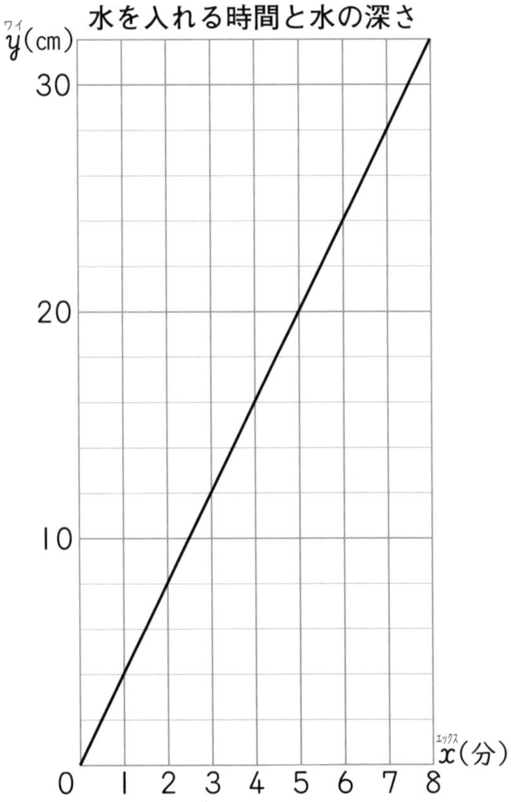

2 下のグラフは，一定の速さで走る自動車の走る時間x《エックス》時間と進む道のりy《ワイ》kmの関係を表したものです。次の問題に答えましょう。 ［1問　7点］

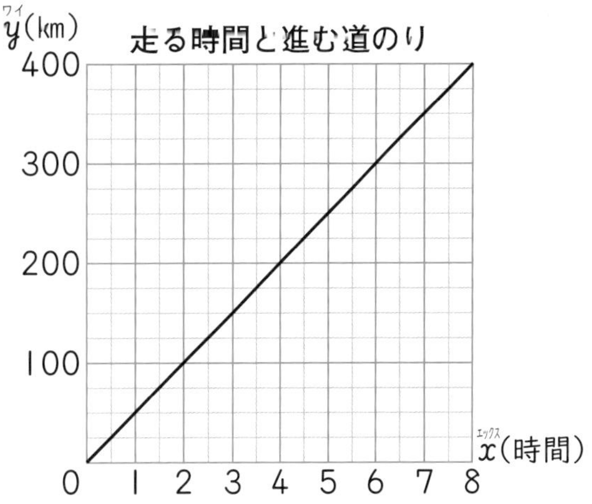

① 進む道のりは，走る時間に比例しますか。

（　　　　）

② 350km進むのは，何時間走ったときですか。

（　　　　）

③ 3時間30分走ると，何km進みますか。

（　　　　）

④ この自動車の速さは，時速何kmですか。

（　　　　）

⑤ x《エックス》とy《ワイ》の関係を式に表しましょう。

（　　　　）

3 下のグラフは，針金《はりがね》の長さx《エックス》mと重さy《ワイ》gの関係を表したものです。次の問題に答えましょう。 ［1問　7点］

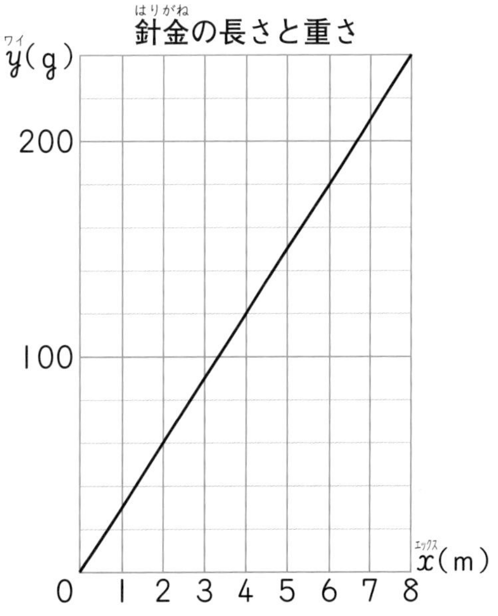

① 重さは長さに比例しますか。

（　　　　）

② この針金《はりがね》4mの重さは何gですか。

（　　　　）

③ この針金《はりがね》180gの長さは何mですか。

（　　　　）

④ この針金《はりがね》1mの重さは何gですか。

（　　　　）

⑤ x《エックス》とy《ワイ》の関係を式に表しましょう。

（　　　　）

36 比例と反比例 5

比例の利用①

得点　　点

答え　別冊《べっさつ》18ページ

例

10枚《まい》の重さが74gの画用紙を，250枚《まい》用意します。この画用紙250枚《まい》の重さは，

250÷10＝25

74×25＝1850　　　1850g

枚《まい》　数《すう》（枚《まい》）	10	250
重　さ　（g）	74	□

（10→250：25倍，74→□：25倍）

比例の関係を使えば，全部の枚数《まいすう》を数えなくても，重さから，およその枚数《まいすう》を用意することができるね。

1 画用紙10枚《まい》の重さをはかったら68gでした。この画用紙を300枚《まい》用意するには，何g用意すればよいかを求めます。次の問題に答えましょう。　［1問　10点］

① 右の表のアにあてはまる数を求めましょう。

枚《まい》　数《すう》（枚《まい》）	10	300
重　さ　（g）	68	□

（10→300：ア倍，68→□：イ倍）

式　300÷10＝

答え（　　　）

② 右の表のイにあてはまる数を求めましょう。　（　　　）

③ この画用紙300枚《まい》の重さは何gですか。

式　68×□＝□

答え（　　　）

2 3mの重さが42gの針金《はりがね》があります。この針金《はりがね》15mの重さは何gですか。

［14点］

式

答え（　　　）

ポイント！

100本の重さが150gのくぎを，30本用意します。このくぎ30本の重さは，

150÷100＝1.5（きまった数）

30×1.5＝45　　45g

本　数　（本）	30	100
重　さ　（g）	□	150

（1.5倍　1.5倍）

「きまった数」を求めて解くこともできるよ。

3 くぎ50本の重さをはかったら，120gでした。このくぎ10本の重さは何gですか。　［14点］

本　数　（本）	10	50
重　さ　（g）	□	120

式

答え（　　　）

4 砂糖《さとう》を800g買ったら，代金は320円でした。この砂糖《さとう》200gの代金は何円ですか。　［14点］

式

答え（　　　）

5 めいさんは，5分間に300m歩きます。この速さで歩くと，960m進むのに何分かかりますか。　［14点］

時　間　（分）	5	□
道のり　（m）	300	960

式

答え（　　　）

6 8本で560円のえん筆があります。910円では，同じえん筆が何本買えますか。　［14点］

式

答え（　　　）

37 比例と反比例 6

比例の利用②

得点

点

答え 別冊《べっさつ》19ページ

ポイント!

右のグラフで，鉄の棒《ぼう》の長さが1.5mのときの重さは，6kgです。

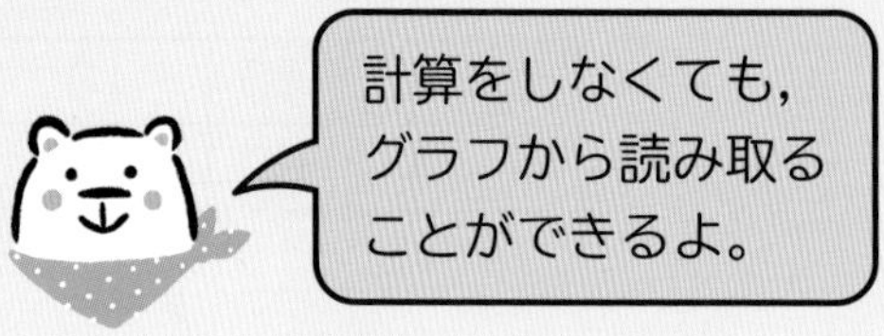

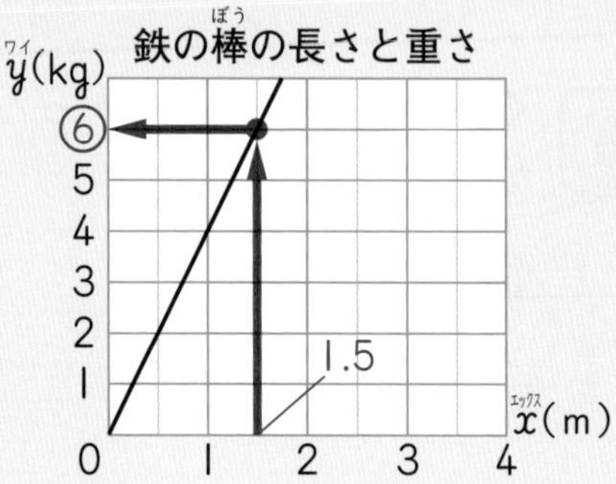

1 下の表は，鉄の棒《ぼう》の長さx《エックス》mと重さy《ワイ》kgの関係を表しています。次の問題に答えましょう。 ［1問　10点］

鉄の棒《ぼう》の長さと重さ

長さ　x《エックス》(m)	1	2	3	4	5	6
重さ　y《ワイ》(kg)	4	8	12	16	20	24

① x《エックス》とy《ワイ》の関係を式に表しましょう。

（y=　　　　）

② x《エックス》とy《ワイ》の関係を，右の方眼紙に表しましょう。

③ 棒《ぼう》の長さが5.5mのとき，重さは何kgですか。

（　　　　）

④ 棒《ぼう》の重さが18kgになるのは，長さが何mのときですか。

（　　　　）

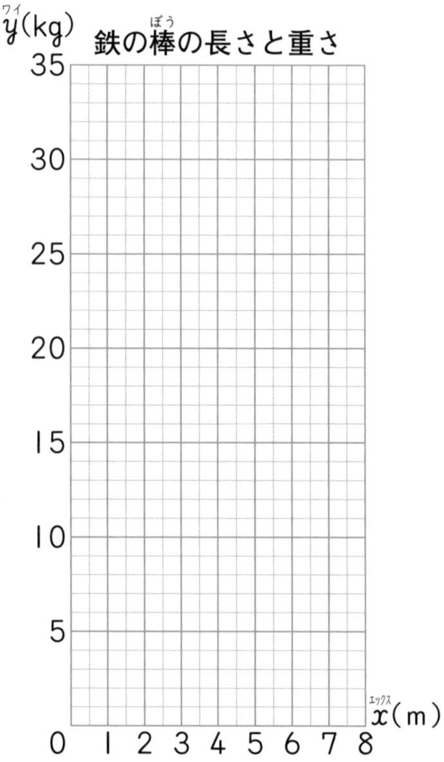

2 下の表は，分速80mで歩くときの歩く時間x《エックス》分と進む道のりy《ワイ》mの関係を表しています。次の問題に答えましょう。［1問　10点］

歩く時間と進む道のり

時間　x《エックス》(分)	1	2	3	4	5	6
道のり　y《ワイ》(m)	80	160	240	320	400	480

① x《エックス》とy《ワイ》の関係を式に表しましょう。

（　　　　　　）

② x《エックス》とy《ワイ》の関係を，下の方眼紙に表しましょう。

歩く時間と進む道のり

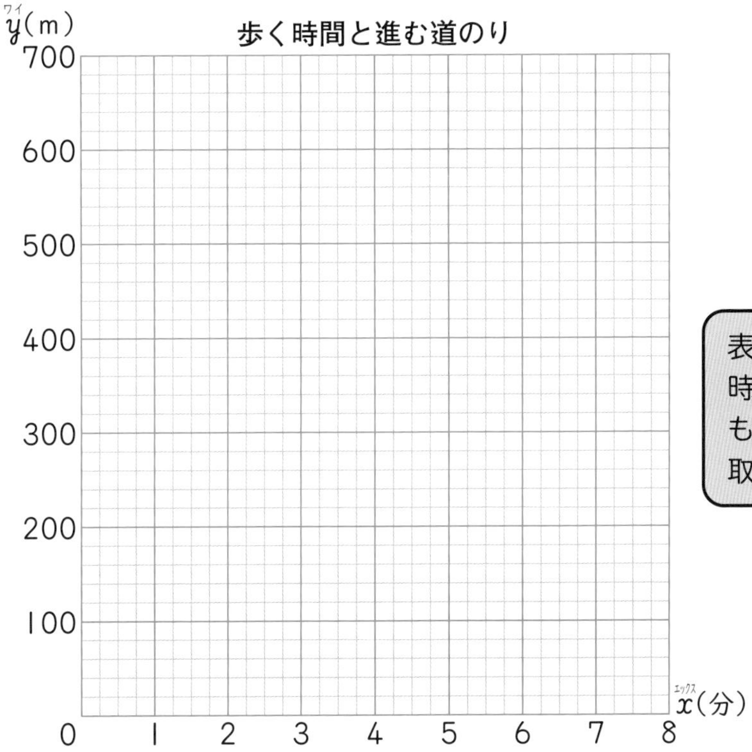

③ 次の時間を歩いたときに進む道のりは，それぞれ何mですか。

(1)　7分　　　　(2)　4分30秒

（　　　　）　　（　　　　）

④ 次の道のりを進むのは，それぞれ何分何秒歩いたときですか。

(1)　200m　　　　(2)　520m

（　　　　）　　（　　　　）

38 比例と反比例 7

比例の利用③

得点

点

答え 別冊《べっさつ》19ページ

例

右の走った時間と進んだ道のりのグラフから，
出発してから2分後の2人の道のりの差は，

400－300＝100　　　100m

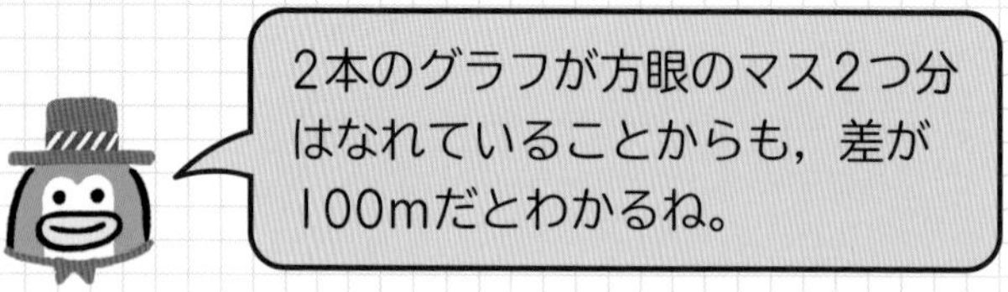

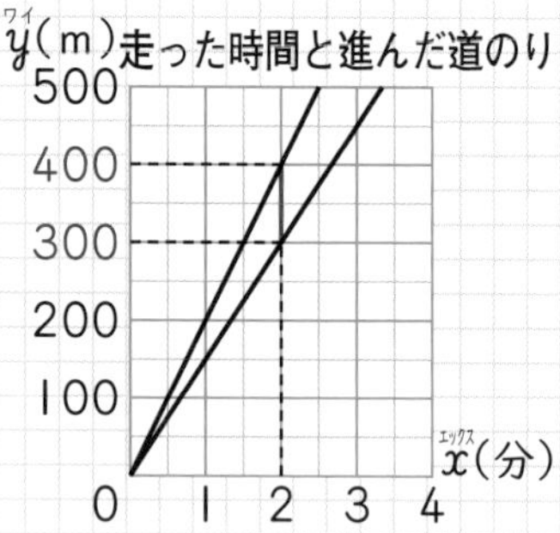

1 下のグラフは，A《エー》さんとB《ビー》さんが同じコースを同時に出発して走ったときの走った時間と進んだ道のりの関係を表しています。次の問題に答えましょう。

［1つ　10点］

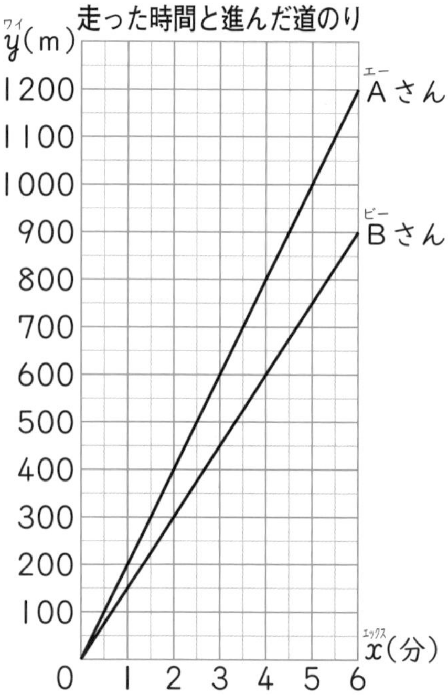

① A《エー》さんとB《ビー》さんでは，どちらが速いといえますか。

（　　　　　）

② 出発してから5分後に，A《エー》さんとB《ビー》さんはそれぞれ何m進んでいますか。

A《エー》さん（　　　　　）

B《ビー》さん（　　　　　）

③ 出発してから5分後に，A《エー》さんとB《ビー》さんは何mはなれていますか。

（　　　　　）

④ このまま同じ速さで走ったとすると，出発してから10分後には，A《エー》さんとB《ビー》さんは何mはなれていますか。

（　　　　　）

2 下のグラフは，自動車とオートバイが同時に出発したときの走った時間と進んだ道のりの関係を表しています。次の問題に答えましょう。　　［1つ　10点］

走った時間と進んだ道のり

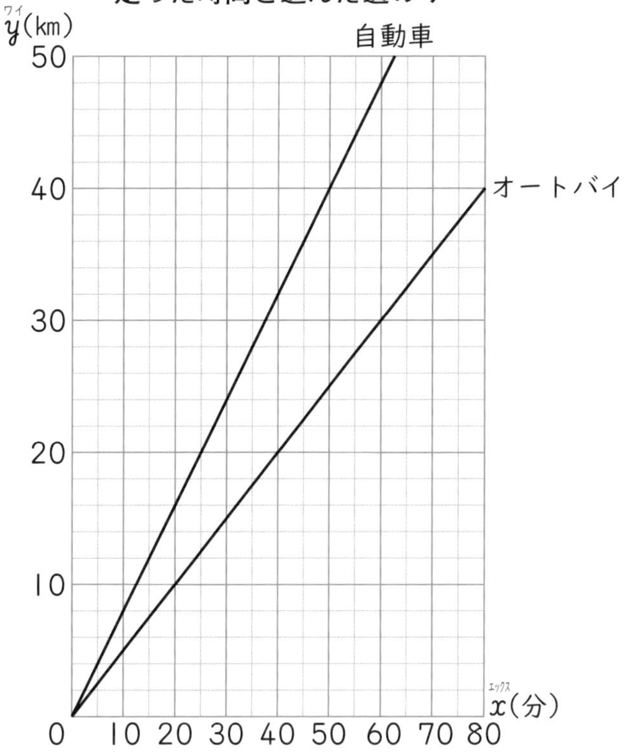

① グラフを見て，自動車とオートバイの時速をそれぞれ求めましょう。

自動車（　　　　　　）　オートバイ（　　　　　　）

② 出発してから40分後に，自動車とオートバイは何kmはなれていますか。

（　　　　　　）

③ 20kmの地点を自動車が通過してから，オートバイが通過するまでの時間は何分ですか。

（　　　　　　）

✧ ④ このまま同じ速さで走ったとすると，自動車はオートバイより何分早く60kmの地点を通過しますか。

（　　　　　　）

39 比例と反比例 8

反比例①

得点

点

答え 別冊《べっさつ》19ページ

覚えよう

2つの量x《エックス》とy《ワイ》があって，x《エックス》の値《あたい》が2倍，3倍，…になると，それにともなってy《ワイ》の値《あたい》が$\frac{1}{2}$倍，$\frac{1}{3}$倍，…になるとき，y《ワイ》はx《エックス》に**反比例**《はんぴれい》するといいます。

3倍

2倍

x《エックス》	1	2	3	4	⌇
y《ワイ》	12	6	4	3	⌇

$\frac{1}{2}$倍

$\frac{1}{3}$倍

1 2つの量x《エックス》とy《ワイ》について，下の表のような関係があります。次の問題に答えましょう。 ［1つ　10点］

3倍

2倍　4倍　2倍

x《エックス》	1	2	3	4	5	6	8	10	⌇
y《ワイ》	24	12	8	6	4.8	4	3	2.4	⌇

ア倍　ウ倍

イ倍　エ倍

① 上の表のア〜エにあてはまる数を求めましょう。

ア（　　　）　イ（　　　）

ウ（　　　）　エ（　　　）

② x《エックス》の値《あたい》が2から4と，2倍になると，それに対応するy《ワイ》の値《あたい》は何倍になりますか。また，x《エックス》の値《あたい》が2から6と，3倍になると，それに対応するy《ワイ》の値《あたい》は何倍になりますか。

2から4（　　　）　2から6（　　　）

③ y《ワイ》はx《エックス》に反比例しますか，反比例しませんか。

（　　　）

2 次の①～⑤について，y《ワイ》がx《エックス》に反比例するものには○を，反比例しないものには×を(　　)にかきましょう。　［1問　6点］

① 面積が6m^2の長方形の縦《たて》の長さx《エックス》mと横の長さy《ワイ》m

（x：1→2 で2倍，1→3 で3倍）

縦《たて》の長さ　x《エックス》(m)	1	2	3	4	5	6	
横の長さ　y《ワイ》(m)	6	3	2	1.5	1.2	1	

（y：6→3 で$\frac{1}{2}$倍，6→2 で$\frac{1}{3}$倍）

(　　)

② 水そうに水を1分間に6Lずつ入れるときの入れる時間x《エックス》分とたまる水の量y《ワイ》L

（x：1→2 で2倍，1→3 で3倍）

時　間　x《エックス》(分)	1	2	3	4	5	6	
水の量　y《ワイ》(L)	6	12	18	24	30	36	

（y：6→12 で□倍，6→18 で□倍）

(　　)

③ まわりの長さが30cmの長方形の縦《たて》の長さx《エックス》cmと横の長さy《ワイ》cm

縦《たて》の長さ　x《エックス》(cm)	1	2	3	4	5	6	
横の長さ　y《ワイ》(cm)	14	13	12	11	10	9	

(　　)

④ 1000円で買い物をするときの使ったお金x《エックス》円と残りのお金y《ワイ》円

使ったお金　x《エックス》(円)	100	200	300	400	500	600	
残りのお金　y《ワイ》(円)	900	800	700	600	500	400	

(　　)

⑤ 40kmの道のりを進むときの時速x《エックス》kmとかかる時間y《ワイ》時間

時　速　x《エックス》(km)	10	20	40	50	80	100	
時　間　y《ワイ》(時間)	4	2	1	0.8	0.5	0.4	

(　　)

40 比例と反比例 9

反比例②

得点 点

答え 別冊《べっさつ》20ページ

ポイント!

y《ワイ》がx《エックス》に反比例するとき，x《エックス》の値《あたい》が2倍，3倍，…になると，それにともなってy《ワイ》の値《あたい》は$\frac{1}{2}$倍，$\frac{1}{3}$倍，…になります。

3倍

2倍

x《エックス》	1	2	3	4
y《ワイ》	12	6	4	3

$12\times\frac{1}{2}$

$12\times\frac{1}{3}$

1 次の①～③では，y《ワイ》はx《エックス》に反比例します。表のあいているところに数を書き入れて，表を完成させましょう。 [1問 10点]

① 12Lの水そうをいっぱいにするときの1分間に入れる水の量x《エックス》Lとかかる時間y《ワイ》分

水の量 x《エックス》(L)	1	2	3	4	5	6
時　間 y《ワイ》(分)	12	6	4			

② 面積が36cm^{2}の平行四辺形の底辺の長さx《エックス》cmと高さy《ワイ》cm

底辺の長さ x《エックス》(cm)	1	2	3	4	5	6
高　さ y《ワイ》(cm)	36	18	12			

③ 40cmのひもを何本か同じ長さに切るときの本数x《エックス》本と1本のひもの長さy《ワイ》cm

本　数 x《エックス》(本)	1	2	3	4	5	6
1本の長さ y《ワイ》(cm)	40					$\frac{20}{3}$

2

60kmの道のりを進むときの時速x《エックス》kmとかかる時間y《ワイ》時間の関係を，下の表にまとめます。次の問題に答えましょう。［1問　10点］

時速 x《エックス》(km)	10	20	30	40	50	60
時間 y《ワイ》(時間)	6	3				

① 表のあいているところに数を書きましょう。

② 速さが2倍，3倍，…になると，かかる時間はどのように変わっていきますか。

（　　　　　　　　）

③ y《ワイ》はx《エックス》に反比例しますか。

（　　　　）

3

次の①～④の2つの量は，どのように変化していきますか。表のあいているところに数を書き入れて，表を完成させましょう。また，2つの量が反比例するものには○を，反比例しないものには×を（　）にかきましょう。［1問　10点］

① 面積が24cm^{2}の長方形の縦《たて》の長さx《エックス》cmと横の長さy《ワイ》cm

縦《たて》の長さ x《エックス》(cm)	1	2	3	4	5	6
横の長さ y《ワイ》(cm)	24	12				

（　　）

② 正三角形の1辺の長さx《エックス》cmとまわりの長さy《ワイ》cm

1辺の長さ x《エックス》(cm)	1	2	3	4	5	6
まわりの長さ y《ワイ》(cm)	3					

（　　）

③ 18dLのお茶を何人かで等分するときの人数x《エックス》人と1人分の量y《ワイ》dL

人数 x《エックス》(人)	1	2	3	4	5	6
1人分の量 y《ワイ》(dL)	18					

（　　）

④ 分速70mで歩くときの歩く時間x《エックス》分と進む道のりy《ワイ》m

時間 x《エックス》(分)	1	2	3	4	5	6
道のり y《ワイ》(m)	70					

（　　）

41

比例と反比例 10

反比例の式①

得点　　点

答え　別冊《べっさつ》20ページ

覚えよう

y《ワイ》がx《エックス》に反比例するとき，x《エックス》とy《ワイ》の関係は，次の式で表すことができます。

y＝きまった数÷x

右の表のx《エックス》とy《ワイ》の関係を式に表すと，

y＝12÷x　となります。

x《エックス》	1	2	3	4	5	6
y《ワイ》	12	6	4	3	2.4	2

x《エックス》の値《あたい》とそれに対応するy《ワイ》の値《あたい》の積は，いつもきまった数になるよ。

1　面積が6cm²の平行四辺形の底辺の長さx《エックス》cmと高さy《ワイ》cmの関係を，下の表にまとめます。次の問題に答えましょう。　［1問　9点］

底辺の長さ　x《エックス》(cm)	1	2	3	4	5	6
高　さ　　y《ワイ》(cm)	6					

① 表のあいているところに数を書きましょう。

② y《ワイ》はx《エックス》に反比例しますか。

（　　　　　）

③ x《エックス》の値《あたい》とそれに対応するy《ワイ》の値《あたい》の積は，いつもいくつになりますか。

（　　　　　）

④ x《エックス》とy《ワイ》の関係を表す式をつくります。
□にあてはまる数を書きましょう。

式　y＝□÷x

③で求めた「きまった数」を使って式に表そう。

2 次の①～③では，y《ワイ》はx《エックス》に反比例します。$y=\square\div x$の□にあてはまる数を書きましょう。

［1問　8点］

①

x《エックス》	1	2	3	4	5	6
y《ワイ》	18	9	6	4.5	3.6	3

式　$y=$ 18 $\div x$

②

x《エックス》	1	2	3	4	5	6
y《ワイ》	30	15	10	7.5	6	5

式　$y=\square\div x$

③

x《エックス》	1	2	3	4	5	6
y《ワイ》	48	24	16	12	9.6	8

式　$y=\square\div x$

3 42Lの水そうを水でいっぱいにするときの1分間に入れる水の量x《エックス》Lとかかる時間y《ワイ》分の関係を，下の表にまとめます。次の問題に答えましょう。

［1問　10点］

水の量　x《エックス》(L)	1	2	3	4	5	6
時　間　y《ワイ》(分)	42					

① 表のあいているところに数を書きましょう。

② 水の量が2倍，3倍，…になると，かかる時間はどのように変わっていきますか。

（　　　　　　　　）

③ かかる時間が$\frac{1}{2}$倍，$\frac{1}{3}$倍，…になると，水の量はどのように変わっていきますか。

（　　　　　　　　）

④ x《エックス》とy《ワイ》の関係を式に表しましょう。

（$y=$　　　　　）

42

比例と反比例 11

反比例の式②

得点

点

答え 別冊《べっさつ》21ページ

例

右の表のx《エックス》とy《ワイ》の関係を式に表すと，

$y=24\div x$

x《エックス》	1	2	3	4	5	6
y《ワイ》	24	12	8	6	4.8	4

x《エックス》の値《あたい》が8のときのy《ワイ》の値《あたい》は，

$y=24\div 8$，$y=3$

「y＝きまった数÷x」の式のx《エックス》に数をあてはめると，
それに対応するy《ワイ》の値《あたい》を求められるよ。

1 面積が30cm^2の長方形の縦《たて》の長さx《エックス》cmと横の長さy《ワイ》cmの関係を，下の表にまとめます。次の問題に答えましょう。　［1問　5点］

縦《たて》の長さ　x《エックス》(cm)	1	2	3	4	5	6
横の長さ　y《ワイ》(cm)	30					

① 表のあいているところに数を書きましょう。

② x《エックス》とy《ワイ》の関係を式に表しましょう。

（y＝　　　　）

③ 縦《たて》の長さが次のとき，横の長さはそれぞれ何cmになりますか。

(1)　10cm

式　$y=30\div 10$

答え（　　　　）

(2)　2.5cm

式

答え（　　　　）

2 下の表について，y《ワイ》はx《エックス》に反比例します。次の問題に答えましょう。

［1つ　8点］

x《エックス》	2	イ	6	8	エ	18
y《ワイ》	ア	16	ウ	9	4.8	4

① x《エックス》とy《ワイ》の関係を式に表しましょう。

（$y=$　　　　　）

② 表のア～エにあてはまる数を求めましょう。

ア（　　　　）　イ（　　　　）

ウ（　　　　）　エ（　　　　）

3 A《エー》市からB《ビー》市まで行くときの時速x《エックス》kmとかかる時間y《ワイ》時間の関係を，下の表にまとめます。次の問題に答えましょう。

［1問　8点］

時速　x《エックス》(km)	10	20	30	40	50	60
時間　y《ワイ》(時間)	6					

① 表のあいているところに数を書きましょう。

② 時速x《エックス》の値《あたい》と，対応する時間y《ワイ》の値《あたい》の積は，何を表していますか。

（　　　　　　　　）

③ x《エックス》とy《ワイ》の関係を式に表しましょう。

（$y=$　　　　　）

④ 時速15kmで行くとき，何時間かかりますか。

式

答え（　　　　）

⑤ 2時間30分で行くには，時速何kmで行けばよいですか。

式

答え（　　　　）

43

比例と反比例 12

反比例のグラフ

得点

点

答え 別冊《べっさつ》21ページ

例

x《エックス》	1	2	3	4	6
y《ワイ》	6	3	2	1.5	1

上の表は，x《エックス》とy《ワイ》が反比例する関係を表しています。
この表をグラフに表すと，右のようになります。

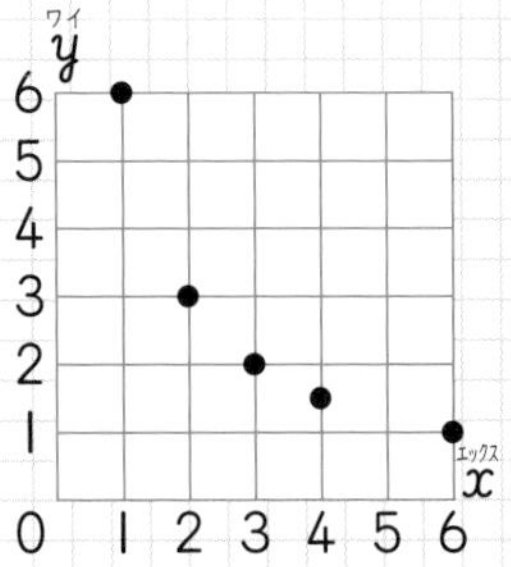

1 下の表は，面積が12cm²の平行四辺形の底辺の長さx《エックス》cmと高さy《ワイ》cmが反比例する関係を表しています。この表のx《エックス》とy《ワイ》の値《あたい》の組を表す点を，下の方眼紙にかきましょう。

［30点］

底辺の長さ　x《エックス》(cm)	1	2	3	4	6	8	12
高　さ　　y《ワイ》(cm)	12	6	4	3	2	1.5	1

面積が12cm²の平行四辺形の
底辺の長さと高さ

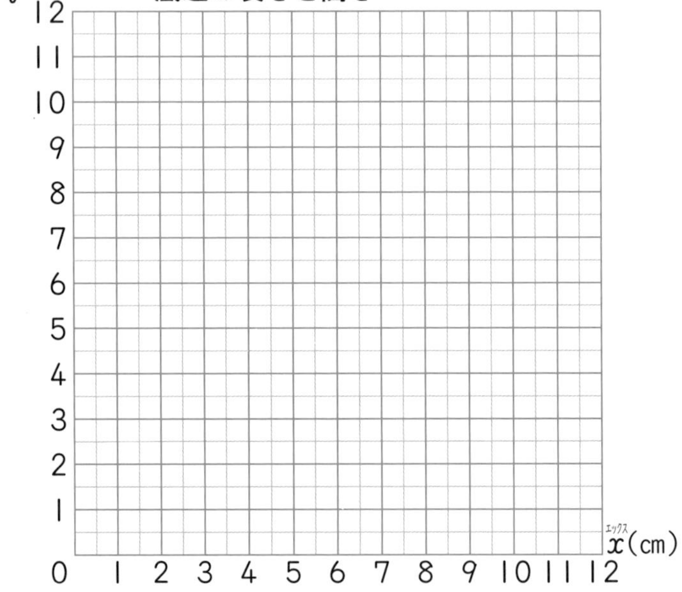

2 右の表は，18kmの道のりを行くときの時速x《エックス》kmとかかる時間y《ワイ》時間が反比例する関係を表しています。この表のx《エックス》とy《ワイ》の値《あたい》の組を表す点を，右の方眼紙にかきましょう。 ［30点］

時速 x《エックス》(km)	1	2	3	6	9	18
時間 y《ワイ》(時間)	18	9	6	3	2	1

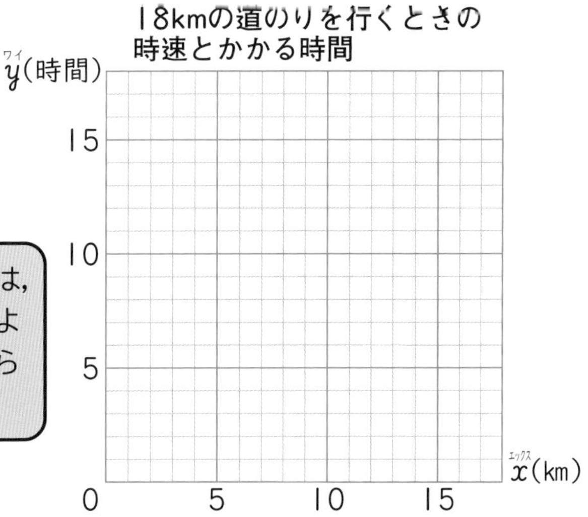

3 24Lの水そうを水でいっぱいにするときの1分間に入れる水の量x《エックス》Lとかかる時間y《ワイ》分が反比例する関係を，下の表にまとめます。表のあいているところに数を書き入れて，表を完成させましょう。また，この表のx《エックス》とy《ワイ》の値《あたい》の組を表す点を，下の方眼紙にかきましょう。 ［1つ　20点］

水の量 x《エックス》(L)	1	2	3	4	6	8	12	16	24
時　間 y《ワイ》(分)	24								

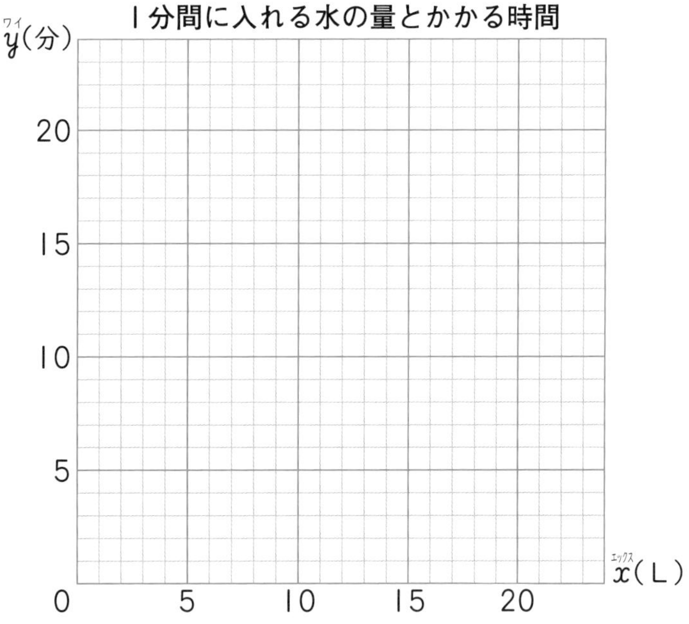

44 比例と反比例 13
反比例の利用

得点　　　点

答え 別冊《べっさつ》22ページ

例

縦《たて》の長さが4cm，横の長さが6cmの長方形があります。面積を変えないで，縦《たて》の長さを8cmにするとき，横の長さは，

4×6＝24，24÷8＝3　　　3cm

横の長さは縦《たて》の長さに反比例するよ。縦《たて》の長さをx《エックス》cm，横の長さをy《ワイ》cmとすると，y＝24÷xの関係になるね。

1 縦《たて》の長さが6cm，横の長さが10cmの長方形があります。この長方形の面積を変えないように，縦《たて》と横の長さを変えます。次の問題に答えましょう。

［1問　12点］

① この長方形の面積は何cm^{2}ですか。

縦《たて》の長さ　(cm)		6	12
横の長さ　(cm)	20	10	

式 6×10＝

答え（　　　）

② 縦《たて》の長さを12cmにすると，横の長さは何cmになりますか。

式 60÷12＝

答え（　　　）

③ 横の長さを20cmにすると，縦《たて》の長さは何cmになりますか。

式

答え（　　　）

2 A《エー》市からB《ビー》市まで行くのに，時速12kmの自転車で3時間かかりました。同じ道のりを時速36kmの自動車で行くとすると，何時間かかりますか。［12点］

式 12×3＝

答え（　　　）

3 1分間に6Lずつ水を入れると，15分でいっぱいになる水そうがあります。この水そうを9分でいっぱいにするには，水を1分間に何Lずつ入れればよいですか。

［14点］

式

答え（　　　　）

4 えいたさんは，家から図書館まで行くのに，分速65mで歩いて20分かかりました。同じ道のりを分速100mで走るとすると，何分で行くことができますか。

［14点］

式

答え（　　　　）

5 下のグラフは，面積がきまっている平行四辺形の底辺の長さx《エックス》cmと高さy《ワイ》cmの関係を表したものです。次の問題に答えましょう。

［1問　8点］

① 点A《エー》は，（x《エックス》の値《あたい》4，y《ワイ》の値《あたい》7.5）と表すことができます。同じように，点B《ビー》を表しましょう。

（x《エックス》の値《あたい》　　　，y《ワイ》の値《あたい》　　　）

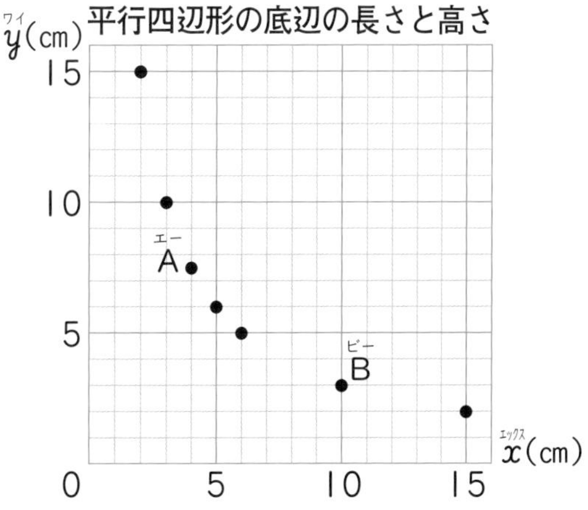

② y《ワイ》はx《エックス》に反比例しますか。

（　　　　）

③ x《エックス》の値《あたい》が1のとき，y《ワイ》の値《あたい》を求めましょう。

式

答え（　　　　）

45

比例と反比例 14

比例と反比例①

得点

点

答え 別冊《べっさつ》22ページ

ポイント!

2つの数量x《エックス》とy《ワイ》について，x《エックス》とy《ワイ》の関係を式に表すと，

y《ワイ》がx《エックス》に比例するとき，　→　y＝きまった数×x

y《ワイ》がx《エックス》に反比例するとき，　→　y＝きまった数÷x

きまった数は，比例はy÷x，反比例はx×yで求められるよ。

1 次の①，②について，y《ワイ》がx《エックス》に比例するか反比例するかを答えましょう。また，その理由を説明しましょう。　［1つ　10点］

①

x《エックス》	1	2	3	4	5	6
y《ワイ》	6	12	18	24	30	36

（　　　　　）

理由　（x《エックス》の値《あたい》が2倍，3倍，…になると，それにともなって，　　　）

②

x《エックス》	1	2	3	4	5	6
y《ワイ》	6	3	2	1.5	1.2	1

（　　　　　）

理由　（　　　　　）

2 次の①～④について，ともなって変わる2つの量が比例するものには○を，反比例するものには△をかき，x《エックス》とy《ワイ》の関係を式に表しましょう。また，比例も反比例もしないものには×をかきましょう。 ［1問　12点］

① 面積が18cm^2の長方形の縦《たて》の長さx《エックス》cmと横の長さy《ワイ》cm

縦《たて》の長さ　x《エックス》(cm)	1	2	3	4	5	6
横の長さ　y《ワイ》(cm)	18	9	6	4.5	3.6	3

（　　　）　式（　　　　　　）

② 正方形の1辺の長さx《エックス》cmとまわりの長さy《ワイ》cm

1辺の長さ　x《エックス》(cm)	1	2	3	4	5	6
まわりの長さ　y《ワイ》(cm)	4	8	12	16	20	24

（　　　）　式（　　　　　　）

③ まわりの長さが20cmの長方形の縦《たて》の長さx《エックス》cmと横の長さy《ワイ》cm

縦《たて》の長さ　x《エックス》(cm)	1	2	3	4	5	6
横の長さ　y《ワイ》(cm)	9	8	7	6	5	4

（　　　）　式（　　　　　　）

④ 600mの道のりを歩くときの分速x《エックス》mとかかる時間y《ワイ》分

分　速　x《エックス》(m)	10	20	30	40	50	60
時　間　y《ワイ》(分)	60	30	20	15	12	10

（　　　）　式（　　　　　　）

3 次のア～ウのグラフのうち，ともなって変わる2つの量が比例するものを選んで，記号で答えましょう。 ［12点］

ア

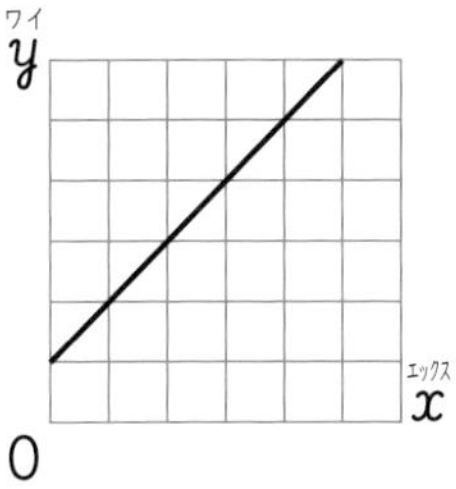

イ

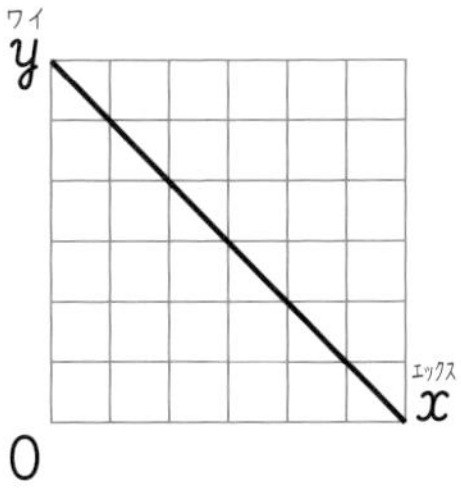

ウ

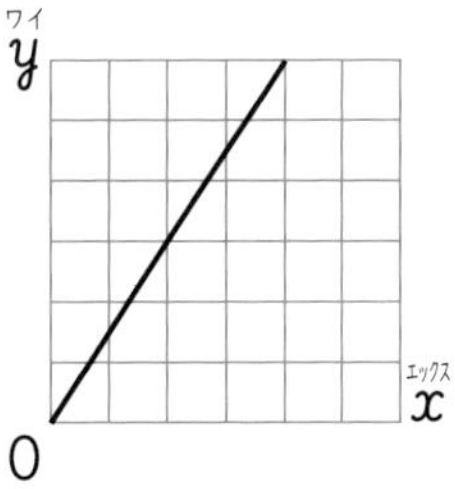

（　　　）

46 比例と反比例 15

比例と反比例②

得点　　点

答え 別冊《べっさつ》22ページ

ポイント!

比例

3倍、2倍

x《エックス》	1	2	3
y《ワイ》	12	24	36

2倍、3倍

反比例

3倍、2倍

x《エックス》	1	2	3
y《ワイ》	12	6	4

$\frac{1}{2}$倍、$\frac{1}{3}$倍

表を見て，y《ワイ》がx《エックス》に比例するか反比例するかを考えよう。

1 面積が36cm^{2}の平行四辺形の底辺の長さx《エックス》cmと高さy《ワイ》cmの関係を，下の表にまとめます。次の問題に答えましょう。　［1問　6点］

底辺の長さ　x《エックス》(cm)	1	2	3	4	5	6
高　さ　y《ワイ》(cm)	36					

① 表のあいているところに数を書きましょう。

② y《ワイ》はx《エックス》に比例しますか，反比例しますか。

（　　　　）

③ x《エックス》とy《ワイ》の関係を式に表しましょう。

（　　　　）

④ 底辺の長さが10cmのとき，高さは何cmになりますか。

式

答え（　　　　）

⑤ 高さが4.5cmのとき，底辺の長さは何cmになりますか。

式

答え（　　　　）

2 電車が時速80kmで進むときの走る時間x《エックス》時間と進む道のりy《ワイ》kmの関係を，下の表にまとめます。次の問題に答えましょう。　［1問　10点］

時　間　x《エックス》(時間)	1	2	3	4	5	6
道のり　y《ワイ》(km)	80					

① 表のあいているところに数を書きましょう。

② y《ワイ》はx《エックス》に比例しますか，反比例しますか。

(　　　　　　　　)

③ x《エックス》とy《ワイ》の関係を式に表しましょう。

(　　　　　　　　)

④ x《エックス》とy《ワイ》の関係を，右の方眼紙に表しましょう。

⑤ 600km進むのに，何時間何分かかりますか。

(　　　　　　　　)

電車の走る時間と進む道のり

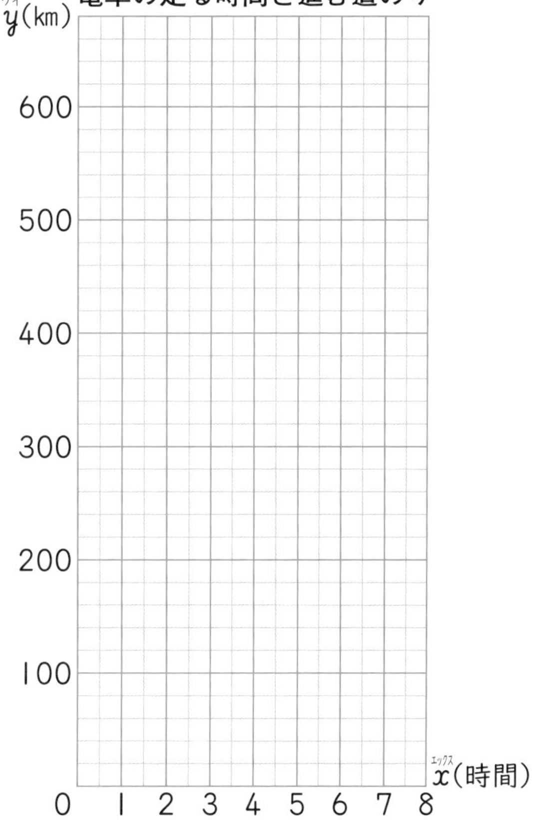

⑥ A《エー》市からB《ビー》市まで，この電車で2時間30分かかります。

(1)　A《エー》市からB《ビー》市までの道のりは何kmですか。

(　　　　　　　　)

(2)　(1)と同じ道のりを自動車で行きます。4時間で行くには，時速何kmで行けばよいですか。

式

答え (　　　　　　　　)

比例と反比例③

得点

点

答え 別冊《べっさつ》23ページ

1 くぎ20本の重さをはかったら，84gありました。同じくぎを150本用意するには，何g用意すればよいかを求めます。次の問題に答えましょう。

本　数（本）	20	150
重　さ　（g）	84	

［1問　10点］

① くぎの重さは本数に比例しますか，反比例しますか。

（　　　　　）

② このくぎ150本の重さは何gですか。

式

答え（　　　　　）

2 底辺の長さが18cm，高さが10cmの平行四辺形があります。この平行四辺形の面積を変えないように，底辺の長さと高さを変えます。次の問題に答えましょう。

［1問　10点］

① 面積が変わらないとき，平行四辺形の高さは底辺の長さに比例しますか，反比例しますか。

（　　　　　）

② 底辺の長さを20cmにすると，高さは何cmになりますか。

式

答え（　　　　　）

3 3時間で210km走る電車があります。この速さで5時間走ると，走った道のりは何kmになりますか。

［10点］

式

答え（　　　　　）

4 4本で640円のボールペンがあります。1440円では，同じボールペンが何本買えますか。
［10点］

式

答え（　　　　）

5 分速80mで歩くと15分かかる道のりを，25分で行くには，分速何mで行けばよいですか。
［10点］

式

答え（　　　　）

6 1分間に12Lずつ水を入れると，14分でいっぱいになる水そうがあります。この水そうを6分でいっぱいにするには，水を1分間に何Lずつ入れればよいですか。
［10点］

式

答え（　　　　）

7 次の2つの数量で，y《ワイ》がx《エックス》に比例するものはどれですか。また，反比例するものはどれですか。それぞれすべて選んで，記号で答えましょう。［1つ　10点］

ア　120kmの道のりを時速x《エックス》kmで走ったときのかかった時間y《ワイ》分
イ　1辺x《エックス》cmの正三角形のまわりの長さy《ワイ》cm
ウ　縦《たて》の長さ10cm，横の長さx《エックス》cmの長方形の面積y《ワイ》cm^2

比例（　　　　）　反比例（　　　　）

48 場合の数 I

並《なら》べ方《かた》①

得点　　点

答え　別冊《べっさつ》23ページ

例

A《エー》，B《ビー》，C《シー》の3人でリレーのチームをつくるとき，全部の走る順序を調べると，次の図のようになります。

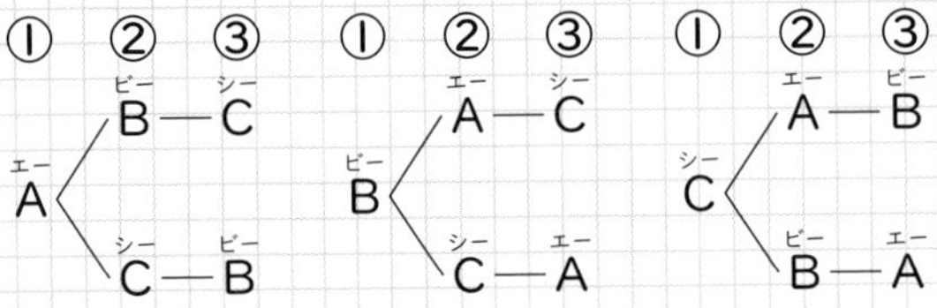

①は1番目，②は2番目，③は3番目を表します。

1 あかねさん，かいとさん，さくらさんの3人でリレーのチームをつくるときの走る順序を調べます。次の問題に答えましょう。　［1問　12点］

① あかねさんが1番目に走るときは，どんな順序がありますか。右の図の（　　）にあてはまる名前を書きましょう。

1番目　2番目　3番目

あかね＜ かいと —（　　　）／（　　　）—（　　　）

② かいとさんが1番目に走るときは，どんな順序がありますか。右の図の（　　）にあてはまる名前を書きましょう。

1番目　2番目　3番目

かいと＜ あかね —（　　　）／（　　　）—（　　　）

③ さくらさんが1番目に走るときは，どんな順序がありますか。右の図の（　　）にあてはまる名前を書きましょう。

1番目　2番目　3番目

さくら＜ あかね —（　　　）／（　　　）—（　　　）

2 A《エー》，B《ビー》，C《シー》の3人が，横1列に並《なら》びます。並《なら》び方《かた》を表す下の図を見て，並《なら》び方《かた》を全部書きましょう。 [16点]

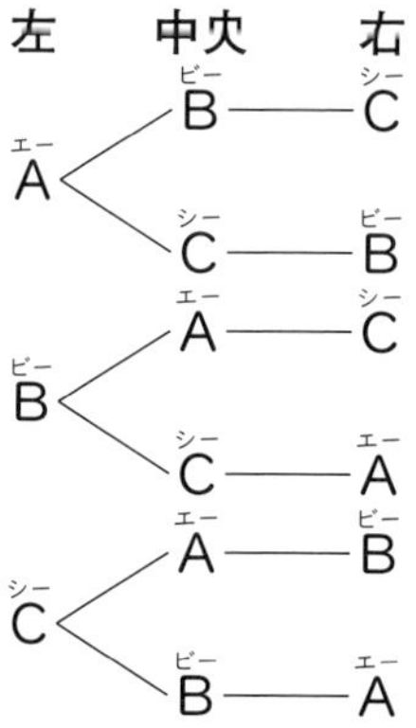

(A−B−C， A−C−B，
B−　　， B−　　，
C−　　， C−　　)

3 右の〈例〉のように，長方形の3つの部分を，赤，青，緑の3色にぬり分けます。どんなぬり方がありますか。ぬり方を全部書きましょう。 [16点]

〈例〉

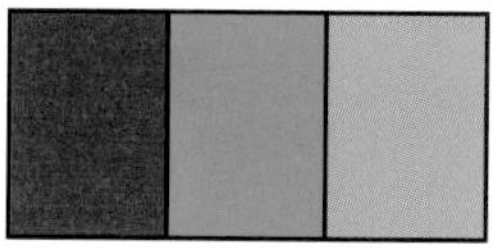

(赤−青−緑，)

4 3人がけのいすに，あさひさん，かのんさん，さくさんの3人がすわります。あさひさんを『あ』，かのんさんを『か』，さくさんを『さ』で表し，すわり方を全部書きましょう。 [16点]

(　)

5 1，2，3，4の4枚《まい》の数字カードを並《なら》べて，4けたの整数をつくります。できる4けたの整数を全部書きましょう。 [16点]

(　)

49

場合の数 2

並《なら》べ方《かた》②

得点

点

答え 別冊《べっさつ》24ページ

例

A《エー》，B《ビー》，C《シー》の3人でリレーのチームをつくるとき，全部の走る順序は，次の図のようになります。

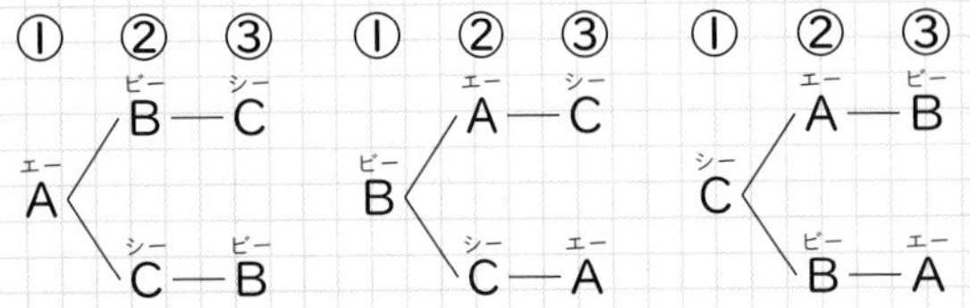

上の図より，3人の走る順序は，全部で6通りあります。

1 A《エー》，B《ビー》，C《シー》，D《ディー》の4人でリレーのチームをつくるときの走る順序を調べます。次の問題に答えましょう。 ［1問　8点］

① 右の図は，A《エー》を1番目にしたときの順序を表したものです。□にあてはまる記号を書きましょう。

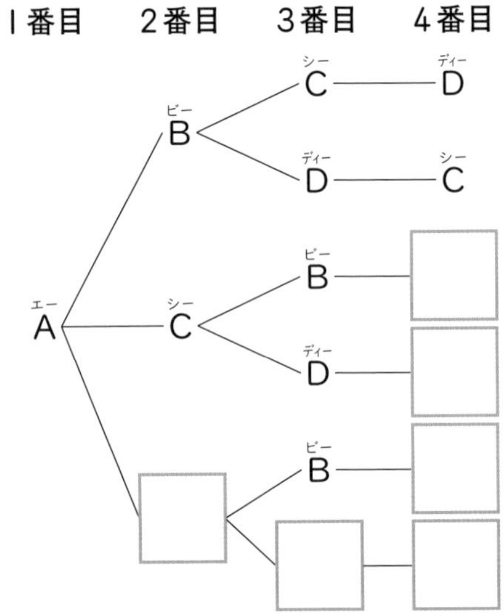

② B《ビー》を1番目にしたとき，A《エー》と同じように考えると，走る順序は何通りありますか。

（　　　）

③ 1番目をC《シー》にしたとき，走る順序は何通りありますか。

（　　　）

④ 1番目をD《ディー》にしたとき，走る順序は何通りありますか。

（　　　）

⑤ 4人の走る順序は，全部で何通りありますか。

（　　　）

2 たくみさん，ななみさん，はるとさんの3人が1列に並《なら》びます。次の問題に答えましょう。　［1問　10点］

① たくみさんを『た』，ななみさんを『な』，はるとさんを『は』として，並《なら》び方《かた》を表す下の図を完成させましょう。

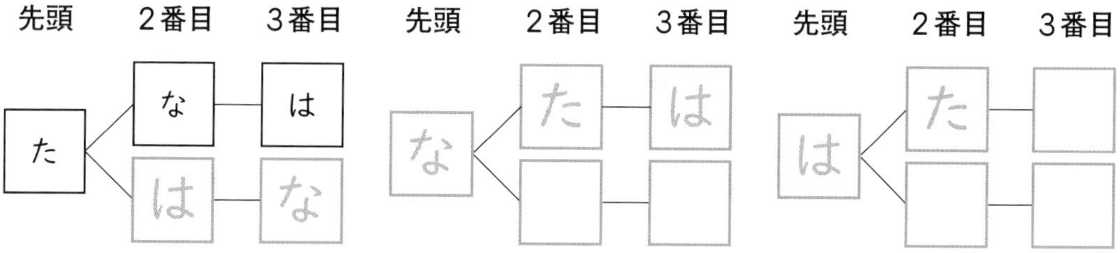

② 並《なら》び方《かた》は，全部で何通りありますか。

（　　　　）

3 赤色，緑色，黄色の3本のクレヨンを箱に入れるときの色の並《なら》べ方《かた》を調べます。次の問題に答えましょう。　［1問　10点］

① 色の並《なら》べ方《かた》を全部書きましょう。

（赤ー緑ー黄，　　　　）

② 色の並《なら》べ方《かた》は，全部で何通りありますか。

（　　　　）

4 2，4，6，8の4枚《まい》の数字カードを並《なら》べて，4けたの整数をつくります。次の問題に答えましょう。　［1問　10点］

① できる4けたの整数を全部書きましょう。

（2468，2486，2648，　　　　）

② 4けたの整数は，全部で何通りできますか。

（　　　　）

50 場合の数 3
並《なら》べ方《かた》③

得点　　点

答え 別冊《べっさつ》24ページ

例

[1]，[2]，[3]の3枚《まい》の数字カードのうち，2枚《まい》を使って2けたの整数をつくります。

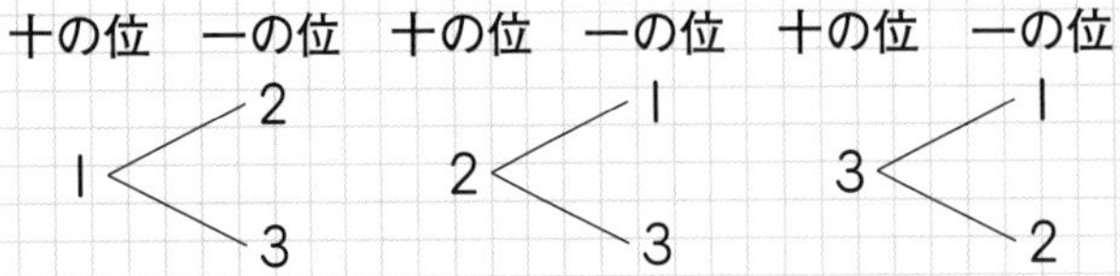

このときできる2けたの整数は，上の図より，
12，13，21，23，31，32の6通りあります。

1 [4]，[5]，[6]の3枚《まい》の数字カードのうち，2枚《まい》を使って2けたの整数をつくります。下の図を見て，できる2けたの整数を全部書きましょう。［10点］

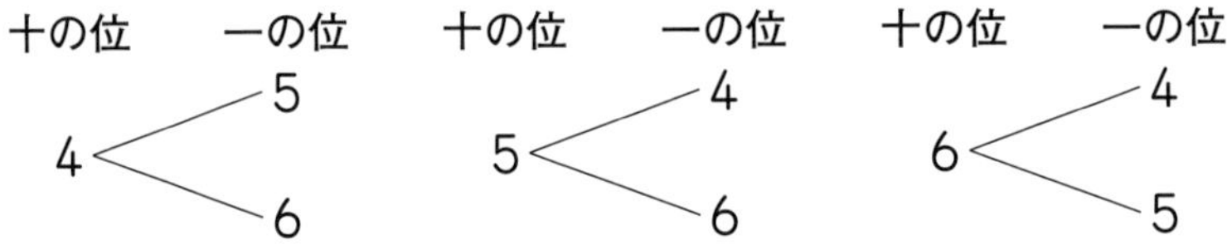

（ 45，46， ）

2 [1]，[3]，[5]，[7]の4枚《まい》の数字カードのうち，2枚《まい》を使って2けたの整数をつくります。次の問題に答えましょう。［1問　12点］

① 数字カードの並《なら》べ方《かた》を表す下の図を完成させましょう。

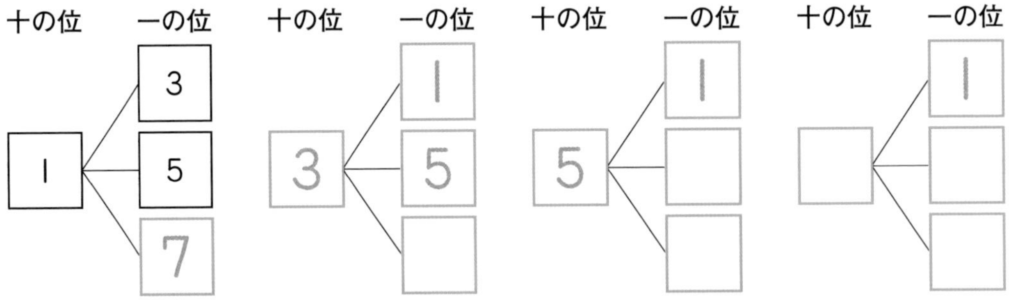

② できる2けたの整数を全部書きましょう。

（ 13，15，17， ）

3 A《エー》，B《ビー》，C《シー》，D《ディー》の4人で班《はん》をつくりました。この中から，班長《はんちょう》と副班長《ふくはんちょう》を1人ずつ選びます。選び方を全部書きましょう。［14点］

（A−B，A−C，　　　　　　　　）

4 赤，白，黄，緑の4色を使って，右の図のA《エー》，B《ビー》，C《シー》の3つの部分を3色にぬり分けます。次の問題に答えましょう。［1問　13点］

A《エー》	B《ビー》	C《シー》

① どんなぬり分け方がありますか。ぬり分け方を全部書きましょう。

（赤−白−黄，　　　　　　　　）

② ぬり分け方は，全部で何通りありますか。

（　　　　）

5 [0]，[2]，[4]，[6]の4枚《まい》の数字カードのうち，3枚《まい》を使って3けたの整数をつくります。次の問題に答えましょう。［1問　13点］

① できる3けたの整数を全部書きましょう。

（　　　　　　　　）

② できる3けたの整数は，全部で何通りありますか。

（　　　　）

51 場合の数 4

組み合わせ方①

得点　　点

答え 別冊《べっさつ》25ページ

例

A《エー》，B《ビー》，C《シー》の3チームで，どのチームとも1回ずつサッカーの試合をするときの全部の組み合わせは，下の表より，A《エー》−B《ビー》，A《エー》−C《シー》，B《ビー》−C《シー》の3試合があります。

	A《エー》	B《ビー》	C《シー》
A《エー》		A《エー》−B《ビー》	A《エー》−C《シー》
B《ビー》	B《ビー》−A《エー》		B《ビー》−C《シー》
C《シー》	C《シー》−A《エー》	C《シー》−B《ビー》	

A《エー》−B《ビー》とB《ビー》−A《エー》は同じ組み合わせだから，B《ビー》−A《エー》はのぞくよ。

1 あおいさん，かなたさん，さきさんの3人でテニスの試合をします。どの人とも1回ずつ試合をします。どんな組み合わせがありますか。下の表を見て，試合の組み合わせを全部書きましょう。［16点］

	あおい	かなた	さき
あおい		あおい−かなた	あおい−さき
かなた	かなた−あおい		かなた−さき
さき	さき−あおい	さき−かなた	

（あおい−かなた，
あおい−　　　，
かなた−　　　）

2 A《エー》，B《ビー》，C《シー》，D《ディー》の4チームで野球の試合をします。どのチームとも1回ずつ試合をします。どんな組み合わせがありますか。下の表を見て，試合の組み合わせを全部書きましょう。［16点］

	A《エー》	B《ビー》	C《シー》	D《ディー》
A《エー》		○	○	○
B《ビー》			○	○
C《シー》				○
D《ディー》				

（A−B，A−C，　　　　）

3 赤，青，白，緑の４色の中から２色を選びます。色の選び方は，どんな組み合わせがありますか。下の図を見て，組み合わせを全部書きましょう。［16点］

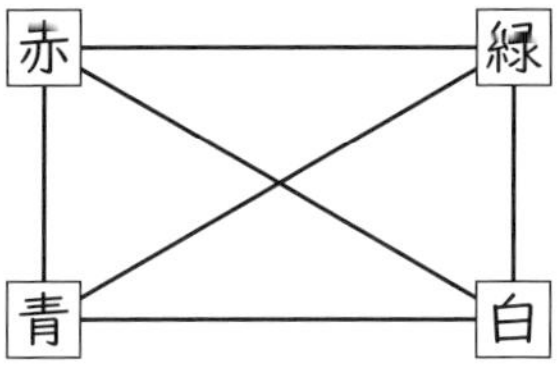

（赤ー青，赤ー白，　　）

4 りんご，みかん，レモン，なしが１個ずつあります。この中から，２個を選びます。どんな組み合わせがありますか。組み合わせを全部書きましょう。

［18点］

（りんごーみかん，　　）

5 A《エー》，B《ビー》，C《シー》，D《ディー》，E《イー》の５チームで野球の試合をします。どのチームとも１回ずつ試合をします。どんな組み合わせがありますか。下の図を見て，組み合わせを全部書きましょう。［16点］

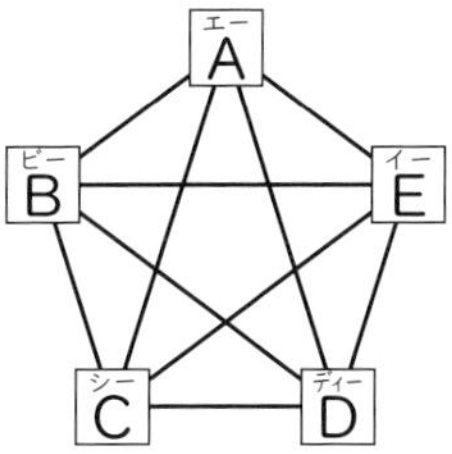

（A－B，A－C，　　）

6 黄，白，青，緑，赤の５種類の色紙から，２種類の色紙を選びます。どんな組み合わせがありますか。組み合わせを全部書きましょう。［18点］

（黄ー白，　　）

52 場合の数 5
組み合わせ方②

得点　　点

答え 別冊《べっさつ》25ページ

ポイント!

A《エー》，B《ビー》，C《シー》の3チームで，どのチームとも1回ずつバスケットボールの試合をするときの組み合わせは，下の表より，全部で3通り（A《エー》−B《ビー》，A《エー》−C《シー》，B《ビー》−C《シー》）あります。

	A《エー》	B《ビー》	C《シー》
A《エー》		○	○
B《ビー》			○
C《シー》			

1 A《エー》，B《ビー》，C《シー》，D《ディー》の4チームでサッカーの試合をします。どのチームとも1回ずつ試合をするときの組み合わせを調べます。組み合わせを表す下の表を見て，次の問題に答えましょう。　［1問　10点］

	A《エー》	B《ビー》	C《シー》	D《ディー》
A《エー》		○	○	○
B《ビー》			○	○
C《シー》				○
D《ディー》				

① 試合の組み合わせを全部書きましょう。

（A−B，A−C，　　　　　）

② 試合の組み合わせは，全部で何通りありますか。

（　　　）

2 いちご，みかん，ぶどう，りんごが1個ずつあります。この中から，2個を選びます。次の問題に答えましょう。　［1問　10点］

① いちごを『い』，みかんを『み』，ぶどうを『ぶ』，りんごを『り』として，選び方を表す右の図を完成させましょう。

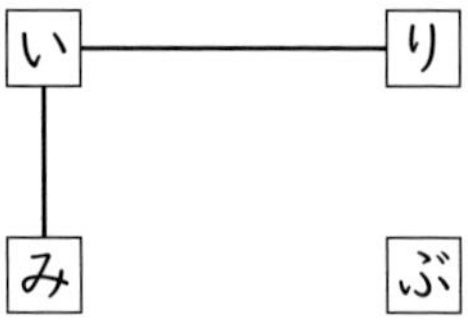

② 選び方は，全部で何通りありますか。

（　　　）

3 ケーキ，クッキー，ゼリー，ドーナツ，チョコレートの5種類のおかしの中から，2種類を選んで買います。選び方は，全部で何通りありますか。 ［12点］

（　　　　）

4 赤，黄，緑，青の4枚《まい》の折り紙の中から，3枚《まい》を選びます。次の問題に答えましょう。 ［1問　10点］

赤	黄	緑	青
○	○	○	
○	○		○
○		○	○
	○	○	○

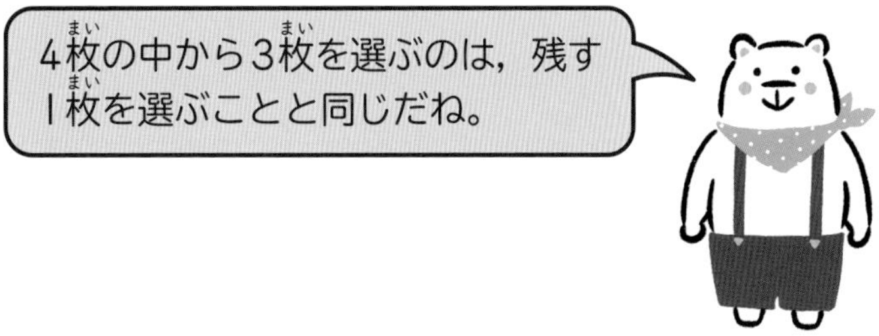

① 組み合わせを表す上の表を見て，組み合わせを全部書きましょう。

（ 赤ー黄ー緑，　　　　）

② 組み合わせは，全部で何通りありますか。

（　　　　）

5 レモン，オレンジ，ぶどう，りんご，ももの5本のジュースの中から，4本を選んで箱に入れます。組み合わせは，全部で何通りありますか。 ［14点］

（　　　　）

6 A《エー》，B《ビー》，C《シー》，D《ディー》，E《イー》の5種類のかんづめの中から，3種類を選んで箱に入れます。組み合わせは，全部で何通りありますか。 ［14点］

（　　　　）

53 場合の数 6

組み合わせ方③

得点　　点

答え 別冊《べっさつ》26ページ

例

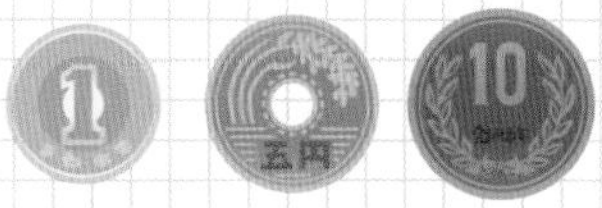

1円，5円，10円の3種類のお金が，それぞれ1枚《まい》ずつあります。このうち2枚《まい》を取り出すとき，合計の金額は，6円，11円，15円の3通りになります。

全部の組み合わせ(1円－5円，1円－10円，5円－10円)を考えて，合計の金額を求めよう。

1 5円，10円，50円の3種類のお金が，それぞれ1枚《まい》ずつあります。このうち2枚《まい》を取り出します。次の問題に答えましょう。　　　　[1問　10点]

① お金の組み合わせを，全部書きましょう。

(　5円－10円,　　　　　　　　　　　　　　)

② 2枚《まい》のお金の合計の金額を全部書きましょう。

(　15円,　　　　　　　　　　　　　　)

2 1円，10円，50円，100円の4種類のお金が，それぞれ1枚《まい》ずつあります。このうち2枚《まい》を取り出します。2枚《まい》のお金の合計の金額を全部書きましょう。

[16点]

(　11円,　　　　　　　　　　　　　　)

3 10円，50円，100円，500円の4種類のお金が，それぞれ1枚《まい》ずつあります。このうち3枚《まい》を取り出します。3枚《まい》のお金の合計の金額を全部書きましょう。

［16点］

（ 160円，　　　　　　　　　　　　）

4 10円玉2枚《まい》と100円玉2枚《まい》があります。これらを使ってつくれる金額を全部書きましょう。 ［16点］

（ 10円，　　　　　　　　　　　　）

5 1g，2g，5g，10gの4種類の分銅が，それぞれ1個ずつあります。このうち2個を使ってはかることができる重さを全部書きましょう。 ［16点］

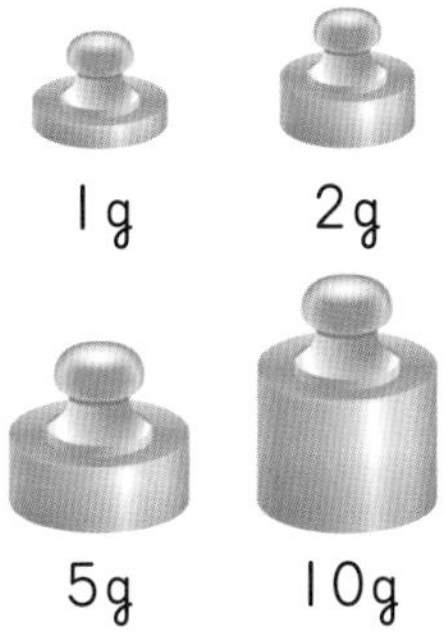

（ 3g，　　　　　　　　　　　　）

6 5g，10g，20g，50gの4種類の分銅が，それぞれ1個ずつあります。これらの分銅を使ってはかることができる重さを全部書きましょう。 ［16点］

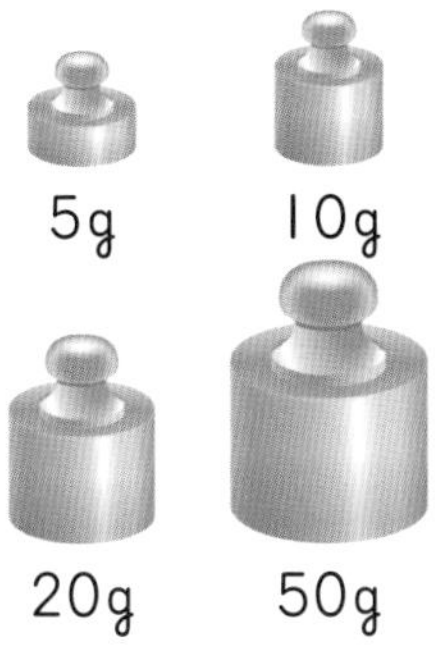

（ 5g，　　　　　　　　　　　　）

54 いろいろな場合を考える①

得点　　　点

答え 別冊《べっさつ》27ページ

例

西町から本町を通って東町へ行く行き方は，右の図のようになっています。このときの行き方は，全部で6通りあります。

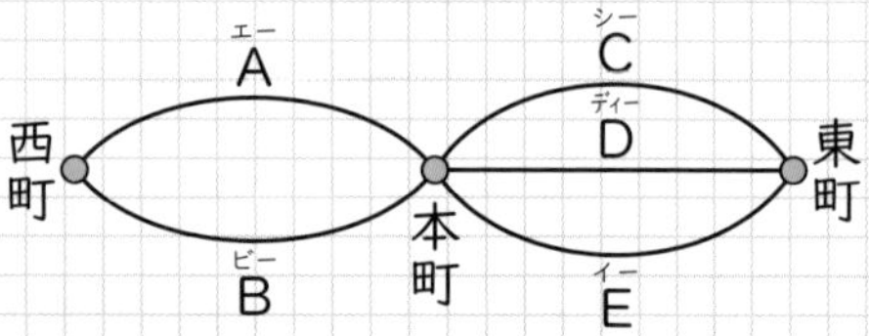

西町から本町への道をA《エー》，B《ビー》，本町から東町への道をC《シー》，D《ディー》，E《イー》とすると，

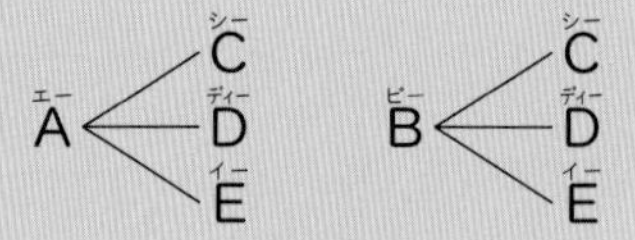

1 A《エー》町からB《ビー》町を通ってC《シー》町まで行くのに，下のような乗り物があります。次の問題に答えましょう。ただし，待つ時間は考えないことにします。

［1問　15点］

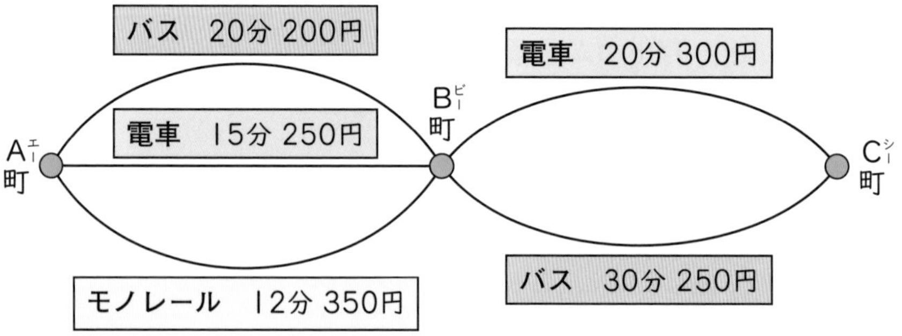

(1) A《エー》町からC《シー》町まで行くときの乗り物の組み合わせと，そのときにかかる時間と費用を調べて，下の表を完成させましょう。

A《エー》町からB《ビー》町	B《ビー》町からC《シー》町	かかる時間(分)	費用(円)
バス	電車		

② かかる時間がいちばん短いのは，どんな行き方をしたときで，何分ですか。

（行き方　　　　　　　　　　　　　　時間　　　　　）

③ 費用がいちばん安いのは，どんな行き方をしたときで，何円ですか。

（行き方　　　　　　　　　　　　　　費用　　　　　）

④ 40分までで行くことができて，費用が500円まででですむのは，どんな行き方をしたときですか。

（　　　　　　　　　　）

2 下の図は，ある公園の園内の地図です。ふん水を『ふ』，図書館を『図』，美術館を『美』，カフェを『カ』として，次の問題に答えましょう。［1問　10点］

① ふん水を出発して，図書館，美術館，カフェを全部まわってふん水に帰ってくる行き方を全部書きましょう。

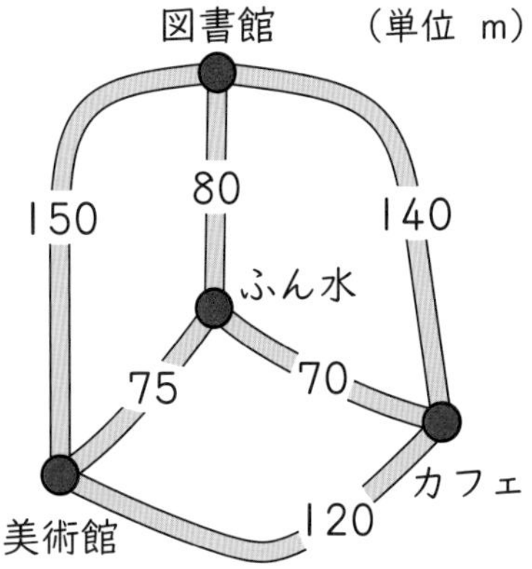

（　　　　　　　　　　）

② ①のうち，どんな順に歩くと，道のりがいちばん短くなりますか。

（　　　　　　　　　　）

3 下の図は，家から駅までの道を表しています。家(ア)から駅(ケ)までの道のりを，遠まわりをしないでイ～クの地点のいずれかを通って行きます。通り方を全部書きましょう。［20点］

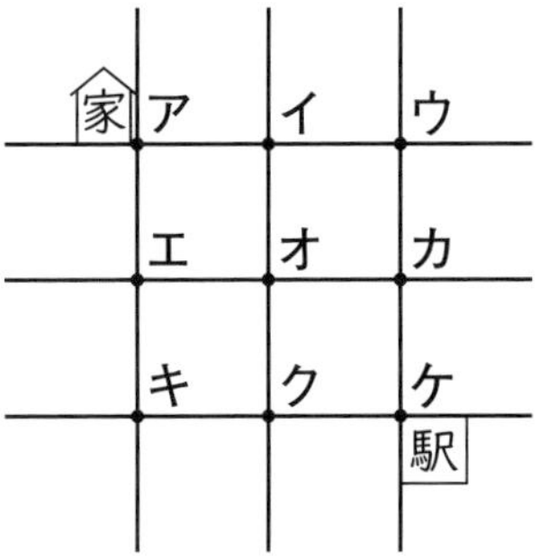

（アーイーウーカーケ，　　　　　　）

55

場合の数 8

いろいろな場合を考える②

得点　　点

答え　別冊《べっさつ》27ページ

例

10円玉1枚《まい》を続けて2回投げるときの表と裏《うら》の出方を調べます。表を○，裏《うら》を●として図に表すと，全部で4通りあることがわかります。

1回目　2回目　1回目　2回目

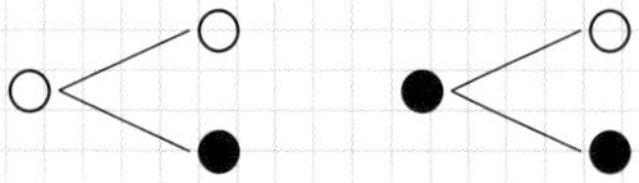

1

メダル1枚《まい》を続けて2回投げます。次の問題に答えましょう。

［1問　10点］

① 表と裏《うら》の出方を全部書きましょう。

（　表ー表，　　　　　　　　　　　　　　　　）

② 表と裏《うら》の出方は全部で何通りありますか。

（　　　　　）

2

100円玉1枚《まい》を続けて3回投げます。次の問題に答えましょう。

［1問　10点］

① 表と裏《うら》の出方を表す下の図を完成させましょう。

1回目　2回目　3回目　　　1回目　2回目　3回目

［表…○
裏《うら》…●］

② 表と裏《うら》の出方を全部書きましょう。

（　表ー表ー表，　　　　　　　　　　　　　　　）

③ 表と裏《うら》の出方は全部で何通りありますか。

（　　　　　）

3

めいさんとつばささんの2人がじゃんけんをします。次の問題に答えましょう。

［1問　12点］

① 2人がグー，チョキ，パーを出す出し方にはどんな場合がありますか。出し方を全部書きましょう。

（グー－グー，　　　　　　　　）

② めいさんが勝つ場合は，何通りありますか。

（　　　　）

4

りおさんはレストランでランチセットを注文しようとして，下のメニューを見ています。ランチセットは，A《エー》，B《ビー》，C《シー》の中から，それぞれ1つずつ選ぶようになっています。次の問題に答えましょう。

［1問　13点］

① ランチセットは全部で何通りできますか。

（　　　　）

② 飲み物は，お茶，ジュースの2つの中から，1つ選びます。A《エー》，B《ビー》，C《シー》，飲み物では，選び方は全部で何通りありますか。

（　　　　）

56

場合の数 9

いろいろな場合を考える③

得点　　点

答え 別冊《べっさつ》28ページ

例

ケーキとフルーツのどちらが好きかを聞いたら，

ケーキが好き…16人，フルーツが好き…14人，どちらも好き…8人

という結果になりました。これは右のような図に表すことができます。このとき，

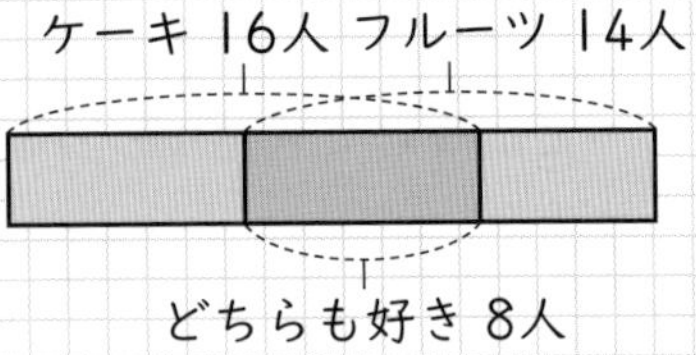

ケーキだけが好きな人は，　16−8=8　8人

フルーツだけが好きな人は，　14−8=6　6人

1 あるクラスで，犬とネコを飼っているかを聞いたところ，犬を飼っていると答えた人は12人，ネコを飼っていると答えた人は15人，そのうち，犬とネコの両方を飼っている人は6人でした。次の問題に答えましょう。［1問　10点］

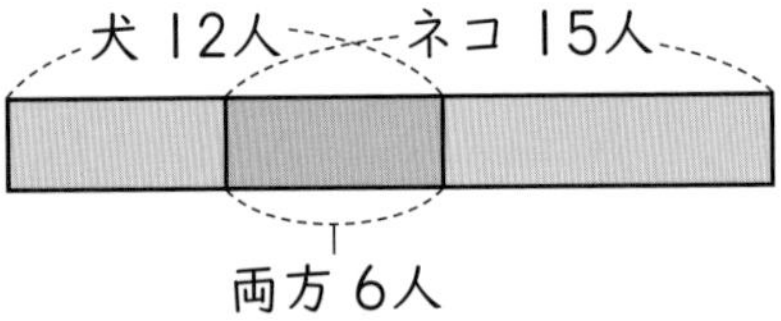

① 犬だけを飼っている人は何人いますか。

（　　　　）

② ネコだけを飼っている人は何人いますか。

（　　　　）

③ 犬とネコのどちらか，またはその両方を飼っている人は，全部で何人いますか。

（　　　　）

④ このクラスの人数は全部で40人です。犬もネコも飼っていない人は何人いますか。

（　　　　）

2 あるクラスの38人にノートとえん筆を配るために，アンケートをしました。ノートがほしいと答えた人は30人，えん筆がほしいと答えた人は24人で，どちらもほしくない人はいませんでした。次の問題に答えましょう。［1つ　10点］

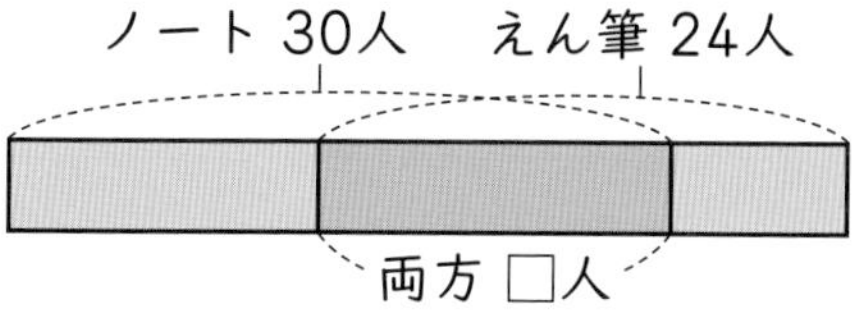

① ノートとえん筆の両方がほしい人は何人いますか。

式　(30＋24)−

答え（　　　）

② ノートだけがほしい人と，えん筆だけがほしい人は，それぞれ何人いますか。

ノート（　　　）　えん筆（　　　）

③ 下のようにきめて配ります。

ノートだけがほしい人…ノート2冊《さつ》　えん筆だけがほしい人…えん筆2本
両方がほしい人 ………ノート1冊《さつ》，えん筆1本

(1) ノートは何冊《なんさつ》必要ですか。

式

答え（　　　）

(2) えん筆は何本必要ですか。

式

答え（　　　）

④ ノート1冊《さつ》の値段《ねだん》は140円，えん筆1本の値段《ねだん》は80円です。全部で何円必要ですか。

式

答え（　　　）

57

表を使って考える Ⅰ

整理した表で考える①

得点

点

答え 別冊《べっさつ》28ページ

例

1箱5個入りのゼリーと2個入りのゼリーが売られているお店で，ゼリーを36個買います。5個入りの箱を，1箱，2箱，3箱，……と変えていったときに，2個入りの箱が何箱でゼリーが36個になるかを調べると，下の表のようになります。

5個入りの箱	箱の数	1	2	3	4	5	6	7
	ゼリーの数	5	10	15	20	25	30	35
残りのゼリーの数		31	26	21	16	11	6	1
2個入りの箱の数		×	13	×	8	×	3	×

5個入り…2箱
2個入り…13箱

5個入り…4箱
2個入り…8箱

5個入りの箱を6箱，2個入りの箱を3箱買うとき，
買う箱の数がいちばん少なくなります。

1 1ふくろ8枚《まい》入りのクッキーと3枚《まい》入りのクッキーが売られています。このクッキーを55枚《まい》買うとき，それぞれ何ふくろ買えばよいかを調べます。次の問題に答えましょう。 [1つ　10点]

① 8枚《まい》入りのふくろを，1ふくろ，2ふくろ，3ふくろ，……と変えていったときに，3枚《まい》入りのふくろが何ふくろでクッキーが55枚《まい》になるかを，表に表して調べます。表のあいているところに数を書きましょう。

8枚《まい》入りのふくろ	ふくろの数	1	2	3	4	5	6
	クッキーの数	8	16	24			
残りのクッキーの数		47	39	31			
3枚《まい》入りのふくろの数		×	13	×			

② 買うふくろの数をいちばん少なくするには，8枚《まい》入りのふくろと3枚《まい》入りのふくろを，それぞれ何ふくろずつ買えばよいですか。

8枚《まい》入り（　　　　）　3枚《まい》入り（　　　　）

2 1セット4冊《さつ》で売られているノートと，1セット3冊《さつ》で売られているノートがあります。このノートを34冊《さつ》買うとき，それぞれ何セット買えばよいかを調べます。次の問題に答えましょう。 ［1つ　10点］

4冊《さつ》のセット	セットの数	1	2	3	4	5	6	7	8
	ノートの数	4	8	12					
残りのノートの数		30	26	22					
3冊《さつ》のセットの数		10	×	×					

① 表のあいているところに数を書きましょう。

② 買うセットの数をいちばん少なくするには，4冊《さつ》のセットと3冊《さつ》のセットを，それぞれ何セットずつ買えばよいですか。

4冊《さつ》（　　　　）　3冊《さつ》（　　　　）

3 けんとさんは，木の板を使って，長さ1mのへいを15枚《まい》つくりました。このへいを，右の図のように，U《ユー》の形に並《なら》べて花だんをつくります。次の問題に答えましょう。 ［1つ　10点］

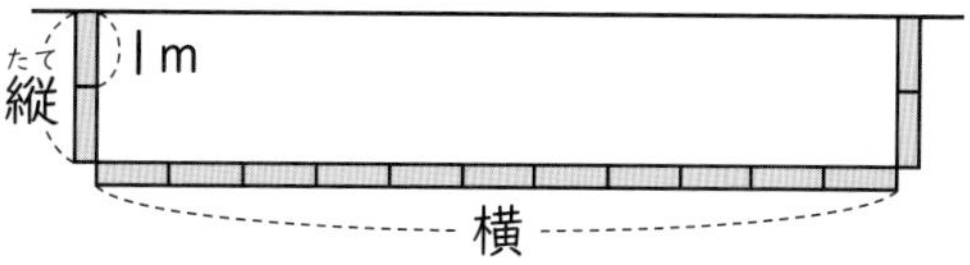

① へいを縦《たて》に2枚《まい》使う場合，横は何枚《なんまい》使うことになりますか。

（　　　　）

② 縦《たて》と横の長さと，そのときの花だんの面積を，表に表して調べます。表のあいているところに数を書きましょう。

縦《たて》 (m)	1	2	3	4	5	6	7
横 (m)	13						
面積 (m^2)	13						

③ 花だんの面積をできるだけ大きくするには，縦《たて》と横に，それぞれ何枚《なんまい》並《なら》べればよいですか。

縦《たて》（　　　　）　横（　　　　）

58 表を使って考える 2

整理した表で考える②

得点　　点

答え 別冊《べっさつ》28ページ

例

ボールペン(本)	0	1	2
えん筆　(本)	10	9	8
代金　(円)	600	640	680

1本100円のボールペンと1本60円のえん筆を，あわせて10本買います。
ボールペンを1本ずつ増やしたときの代金の変わり方は，右の表のようになります。

ボールペンが1本増えると，40円ずつ増えることがわかるから，全部を調べなくても代金がわかるよ。例えば，ボールペンが4本のときの代金は，600+40×4=760　760円

1 1本120円のボールペンと1本70円のえん筆を，あわせて12本買うと，代金は1040円でした。それぞれ何本ずつ買ったかを調べます。次の問題に答えましょう。　［1つ　8点］

① ボールペンの数を，1本，2本，3本，……と増やして，代金がどのように変わるかを，表に表して調べます。表のア～エにあてはまる数を求めましょう。

ボールペン（本）	0	1	2		
えん筆　（本）	12	ア	イ		
代金　（円）	840	ウ	エ		1040

ア（　　　　）　イ（　　　　）

ウ（　　　　）　エ（　　　　）

② ボールペンが1本増えると，代金はどのように変わりますか。

（　　　　　　　　）

③ ボールペンを何本買うと，代金は1040円になりますか。

式 1040−840＝

答え（　　　　）

④ えん筆は，何本買いましたか。

（　　　　）

2 1個140円のりんごと1個80円のみかんを，あわせて30個買うと，代金は3000円でした。次の問題に答えましょう。 ［1つ　8点］

りんご（個）	0	1	2			
みかん（個）	30	29	28			
代金　（円）	2400	2460	2520			3000

① りんごが1個増えると，代金はどのように変わりますか。

（　　　　）

② りんごとみかんを，それぞれ何個ずつ買いましたか。

式 3000−2400＝

答え　りんご（　　　　）　みかん（　　　　）

3 1個100円のチョコレートと1個60円のチョコレートを，あわせて15個買うと，代金は1180円でした。100円と60円のチョコレートを，それぞれ何個ずつ買いましたか。 ［1つ　10点］

式

答え　100円（　　　　）　60円（　　　　）

59

表を使って考える ③

整理した表で考える③

得点

点

答え 別冊《べっさつ》29ページ

例

1個60円のオレンジと1個40円のレモンを，あわせて20個買います。
オレンジの代金のほうが，レモンの代金よりも600円高くなるときのオレンジの個数を，右の表を使って求めます。

600－200＝400

400÷100＝4

オレンジは10個より4個多いことになるから，

10＋4＝14　14個

4個

オレンジ(個)	10	11	12		～	
レモン　(個)	10	9	8		～	
代金の差(円)	200	300	400		～	600

＋100

600－200＝400

1 1個90円のオレンジと1個60円のレモンを，あわせて20個買いました。オレンジの代金のほうが，レモンの代金よりも1200円高かったそうです。このとき，オレンジとレモンをそれぞれ何個ずつ買ったかを調べます。次の問題に答えましょう。　［1つ　7点］

① オレンジとレモンの個数を1個ずつ変えて，代金の差がどのように変わるかを，表に表して調べます。表のア～エにあてはまる数を求めましょう。

オレンジ（個）	10	11	12		～	
レモン　（個）	10	ア	イ		～	
代金の差（円）	300	ウ	エ		～	1200

ア（　　　　）　イ（　　　　）

ウ（　　　　）　エ（　　　　）

② オレンジが1個増えると，代金の差はどのように変わりますか。

（　　　　　　）

③ オレンジが10個から何個増えると，代金の差は1200円になりますか。

式　1200－300＝

答え（　　　　）

④ オレンジとレモンを，それぞれ何個ずつ買いましたか。

オレンジ（　　　　）　レモン（　　　　）

2 1冊《さつ》150円のノートと1冊《さつ》110円のノートを，あわせて16冊《さつ》買いました。150円のノートの代金のほうが，110円のノートの代金よりも1360円高かったそうです。次の問題に答えましょう。［1つ　8点］

150円のノート（冊《さつ》）	8	9	10			
110円のノート（冊《さつ》）	8	7	6			
代金の差　（円）	320	580	840			1360

① 150円のノートが1冊《さつ》増えると，代金の差はどのように変わりますか。

（　　　　）

② 150円と110円のノートを，それぞれ何冊《なんさつ》ずつ買いましたか。

式　1360－320＝

答え　150円（　　　　）　110円（　　　　）

3 1個120円のドーナツと1個50円のあめを，あわせて30個買いました。あめの代金のほうが，ドーナツの代金よりも1560円安かったそうです。ドーナツとあめを，それぞれ何個ずつ買いましたか。［1つ　10点］

式

答え　ドーナツ（　　　　）　あめ（　　　　）

60

表を使って考える 4

整理した表で考える④

得点

点

答え 別冊《べっさつ》30ページ

1 右の図のように，同じ大きさの立方体を積み重ねていきます。10段目《だんめ》には，立方体が何個あるかを調べます。次の問題に答えましょう。

［1問　10点］

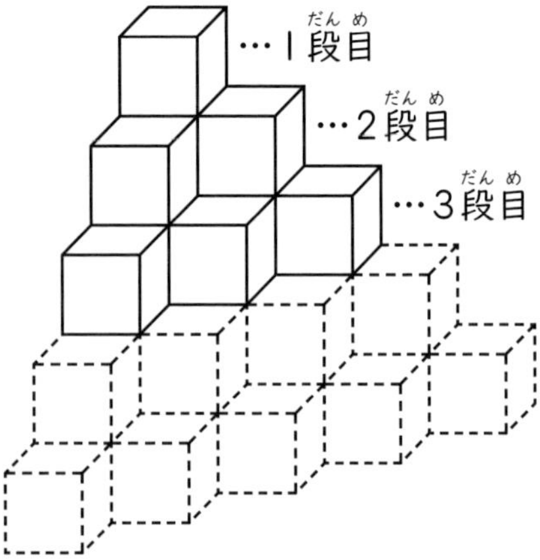

① 段《だん》の数をx段《エックスだん》，立方体の数をy《ワイ》個として，1段目《だんめ》，2段目《だんめ》，…と，6段目《だんめ》まで順に立方体の数を求めて，下の表にまとめましょう。

段《だん》の数　x《エックス》（段目《だんめ》）	1	2	3	4	5	6
立方体の数　y《ワイ》（個）	1	3				

② 立方体の数y《ワイ》は，段《だん》の数x《エックス》に比例しますか。

（　　　　）

③ りょうたさんは①の表を見て，段《だん》の数が増えたときの立方体の数の増え方を，次のように調べました。□にあてはまる数を書きましょう。

段《だん》の数　x《エックス》（段目《だんめ》）	1	2	3	4	5	6
立方体の数　y《ワイ》（個）	1					

+□　+□　+□　+□　+□

④ りょうたさんは，段《だん》の数と立方体の数の関係について，次のように考えました。□にあてはまる数を書きましょう。

段《だん》の数が1つ増えるときの立方体の数の増え方は，段《だん》の数が1つ増えるごとに，□個ずつ増える。

⑤ りょうたさんは，10段《だん》目《め》の立方体の数を，次の式で求めました。□にあてはまる数を書いて，10段《だん》目《め》の立方体の数を求めましょう。

式　1+2+3+……+8+9+10

=(1+□)×10÷□

=□

答え（　　　）

⑥ りょうたさんの考えを使って，20段《だん》目《め》の立方体の数を求めましょう。

式　1+2+3+…+18+19+20

=

答え（　　　）

⑦ りょうたさんの考えをもとに，段《だん》の数x《エックス》と立方体の数y《ワイ》の関係を表す式を，x《エックス》とy《ワイ》を使って表しましょう。

（　　　）

⑧ ななみさんは①の表を見て，段《だん》の数と立方体の数の関係について，次のように考えました。□にあてはまる数を書きましょう。

段《だん》の数に，段《だん》の数に1をたした数をかけて□でわると，立方体の数になる。

⑨ ななみさんの考えを使って，10段《だん》目《め》の立方体の数を求めましょう。

式　10×(10+□)÷□=□

答え（　　　）

⑩ ななみさんの考えをもとに，段《だん》の数x《エックス》と立方体の数y《ワイ》の関係を表す式を，x《エックス》とy《ワイ》を使って表しましょう。

（　　　）

61 まとめ 1

6年のまとめ①

得点

点

答え 別冊《べっさつ》30ページ

1 下の表は，6年1組の人が先月読んだ本の数を調べてまとめたものです。次の問題に答えましょう。　　　　［1つ　8点］

先月読んだ本の数　　　　（冊《さつ》）

5	2	3	6	10	3	5	3	2	8	7	4	1	4

① 平均値《へいきんち》を求めましょう。

式

答え（　　　　）

② 最頻値《さいひんち》と中央値《ちゅうおうち》を求めましょう。

最頻値《さいひんち》（　　　　）　中央値《ちゅうおうち》（　　　　）

2 右の表は，縦《たて》の長さが6cmの長方形の横の長さx《エックス》cmと面積y《ワイ》cm^{2}の関係を表したものです。次の問題に答えましょう。

横の長さ x《エックス》(cm)	1	2	3	4	5
面　積 y《ワイ》(cm^2)	6	12	18	24	30

［1問　8点］

① y《ワイ》はx《エックス》に比例しますか，反比例しますか。

（　　　　）

② x《エックス》とy《ワイ》の関係を式に表しましょう。

（　　　　）

③ 横の長さが15cmのとき，面積は何cm^{2}になりますか。

式

答え（　　　　）

3 □にあてはまる数を答えましょう。

［1問　6点］

① □cmの$\frac{1}{4}$は8cmです。　　② $\frac{9}{10}$kgは，□kgの$\frac{3}{4}$です。

（　　）　　（　　）

4 $\frac{16}{5}$mは，6mの何倍ですか。　［8点］

式

答え（　　）

5 すとオリーブ油を3：5の量の比で混ぜて，ドレッシングをつくります。オリーブ油を60mL使うと，すは何mL必要ですか。　［10点］

式

答え（　　）

6 分速60mで歩くと25分かかる道のりを，20分で行くには，分速何mで行けばよいですか。　［12点］

式

答え（　　）

7 [5]，[6]，[7]，[8]の4枚《まい》の数字カードを並《なら》べて，4けたの整数をつくります。できる4けたの整数を全部書きましょう。　［10点］

（　　）

62

まとめ 2

6年のまとめ②

得点

点

答え 別冊《べっさつ》31ページ

1 1個130円のオレンジと1個90円のオレンジを，あわせて20個買うと，代金は2040円でした。130円のオレンジは，何個買いましたか。 ［12点］

130円のオレンジ（個）	0	1	2			
90円のオレンジ （個）	20	19	18			
代　金 （円）	1800	1840	1880			2040

式

答え

2 下の表は，面積が30cm^2の平行四辺形の底辺の長さx《エックス》cmと高さy《ワイ》cmの関係を表したものです。次の問題に答えましょう。 ［1問　8点］

底辺の長さ x《エックス》(cm)	1	2	3	4	5	6
高　さ y《ワイ》(cm)	30	15	10	7.5	6	5

① y《ワイ》はx《エックス》に比例しますか，反比例しますか。

② x《エックス》とy《ワイ》の関係を式に表しましょう。

③ 高さが2.5cmのとき，底辺の長さは何cmになりますか。

式

答え

3 下のグラフは，あるクラスのソフトボール投げの記録を調べて，ヒストグラムに表したものです。次の問題に答えましょう。 ［1問　8点］

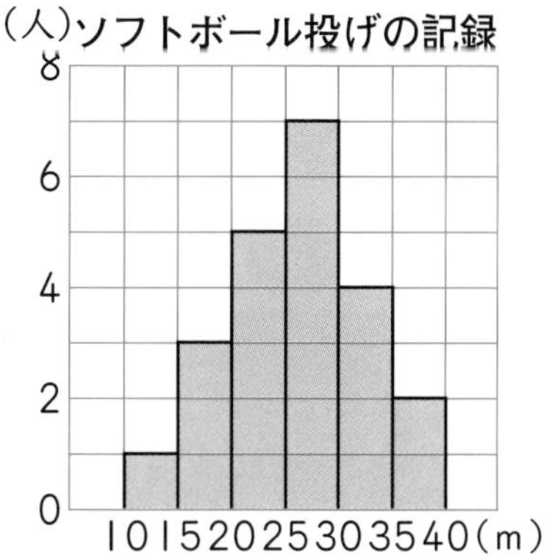

① いちばん度数が多いのはどの階級ですか。

（　　　　　　）

② 記録が20m未満の人は何人いますか。

（　　　　　　）

③ きょりが長いほうから数えて6番目の人は，どの階級に入っていますか。

（　　　　　　）

4 コーヒーと牛乳《ぎゅうにゅう》を3：7の量の比で混ぜて，500mLのコーヒー牛乳《ぎゅうにゅう》をつくります。コーヒーと牛乳《ぎゅうにゅう》は，それぞれ何mLずつ必要ですか。 ［14点］

式

答え（コーヒー　　　　　　牛乳《ぎゅうにゅう》　　　　　　）

5 ある自動車は，2時間で90km走りました。この速さで5時間走るとすると，走る道のりは何kmになりますか。 ［14点］

式

答え（　　　　　　）

6 A《エー》，B《ビー》，C《シー》，D《ディー》，E《イー》の5チームでバスケットボールの試合をします。試合の組み合わせは，全部で何通りありますか。 ［12点］

（　　　　　　）

くもんの算数集中学習　小学６年生 データの活用にぐーんと強くなる

2023年2月　第1版第１刷発行

●発行人　志村直人
●発行所　株式会社くもん出版
〒141-8488 東京都品川区東五反田2-10-2
東五反田スクエア11F
電話　編集直通　03(6836)0317
営業直通　03(6836)0305
代表　03(6836)0301

●印刷・製本　株式会社精興社
●カバーデザイン　辻中浩一+村松亨修(ウフ)
●カバーイラスト　亀山鶴子
●本文イラスト　原あいみ・TIC TOC
●本文デザイン　岸野祐美
(株式会社京田クリエーシ
●編集協力　株式会社アポロ企画

ISBN 978-4-7743-3363-2

ＣＤ 57341

くもん出版ホームページアドレス　https://www.kumonshuppan.com/

小学6年生

データの活用にぐーんと強くなる

別《べっ》冊《さつ》解《かい》答《とう》

・答え合わせをして，まちがえた問題は「ポイント」や「解き方」をよく読んで，もう一度取り組みましょう。

・〔　　〕は，他の答え方です。

・(例)は答えの例です。言葉や文を書いて答える問題は，問題文の指示にしたがって書けていれば正解です。

1 データの調べ方①
平均値
P4・5

1 ① (4+7+5+10+8+3+12+8+6)÷9
=7　　答え 7冊
② (8+11+2+6+13+9+8+3)÷8
=7.5　　答え 7.5冊
③ 2班

2 ① (41+35+39+47+43+52+36+45+50+43+54)÷11=44.09…
答え 約44.1回
② (53+47+33+39+51+42+48+44+40+48+53+46)÷12=45.33…
答え 約45.3回
③ 2班

3 Bチーム

ポイント!
データの平均の値《あたい》のことを，平均値《へいきんち》といいます。
平均値《へいきんち》=データの値《あたい》の合計÷データの個数

解き方

1 1班《ぱん》のデータは9個，2班《はん》のデータは8個あります。
③ ①と②で求めた平均値を比べて，大きいほうを選びます。

2 ① 1班《ぱん》は11人います。平均値《へいきんち》は，11人分の記録(回数)を合計して，11でわって求めます。
② 2班《はん》は12人います。平均値《へいきんち》は，12人分の記録(回数)を合計して，12でわって求めます。
③ 平均値《へいきんち》が大きいほうを選びます。

3 A《エー》…(18+23+15+16+20+19+12+12+24+17)÷10=17.6(点)
B《ビー》…(13+19+23+14+17+21+16+18+22+13+20)÷11=17.8…(点)
B《ビー》チームのほうが，平均値《へいきんち》が大きいです。

2 データの調べ方②
ドットプロット
P6・7

1 ① 3人
② 7人
③ 13点
④ 20点
⑤ 5点

2 ①
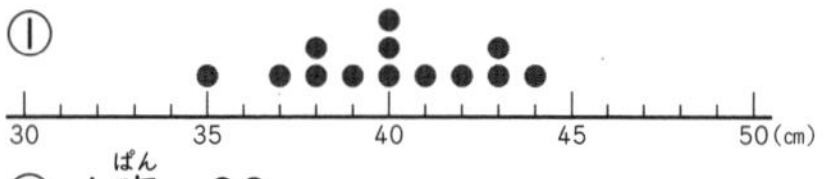

② 1班《ぱん》…33cm
2班《はん》…40cm
③ 1班《ぱん》…15cm
2班《はん》…9cm

ポイント!
数直線の上にデータを●(ドット)で表した図を，ドットプロットといいます。

解き方

1 ① 数直線の14の目もりの上にある●の数を数えます。
② 数直線の17，18，19，20の目もりの上にある●の数を合計します。
③ ●の数がいちばん多いのは，13の目もりです。
④⑤ いちばん高い点数といちばん低い点数は，ドットプロットでは，それぞれいちばん右の●と，いちばん左の●があるところの値《あたい》になります。

2 ① データの値《あたい》に対応した目もりの上に，●をかきます。同じ値《あたい》は●を上に積み上げてかいていきます。
② ①のドットプロットを使って，●の数がいちばん多い値《あたい》を見つけます。
③ 1班《ぱん》と2班《はん》のいちばん大きい記録はそれぞれ48cm，44cmで，いちばん小さい記録はそれぞれ33cm，35cmです。
1班《ぱん》…48−33=15(cm)
2班《はん》…44−35=9(cm)

3 データの調べ方③
最頻値
P8・9

1 ① 47g，48g，49g，50g，51g，52g，52g，52g，53g，55g
② 48g，49g，49g，50g，51g，52g，53g，54g，55g，56g
③ 52g
④ 49g
⑤ A

2 ①
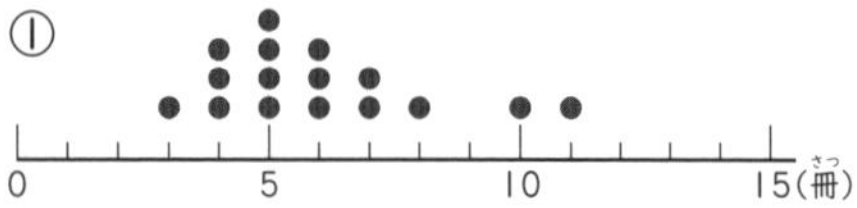

② 5冊

3 ①

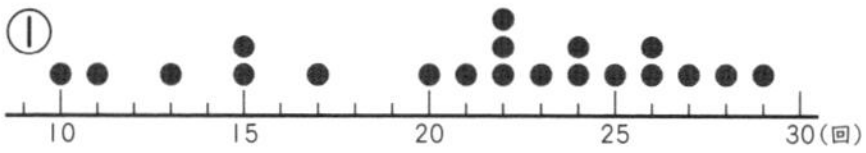

② 6人

③ 22回

ポイント!

データの中で最も多く出てくる値《あたい》を，最頻値《さいひんち》といいます。

解き方

1 ①② データを大きさの順に並《なら》べると，最頻値《さいひんち》を求めやすくなります。

③④ ①と②で並《なら》べたデータを見て，最も多く出てくる値《あたい》が，それぞれの最頻値《さいひんち》になります。

⑤ ③と④で求めた最頻値《さいひんち》を比べて，大きいほうを選びます。

2 ② ドットプロットでは，●の数がいちばん多いところの値《あたい》が最頻値《さいひんち》になります。

3 ② 25回以上は●の数が6個なので，6人になります。

③ ●の数がいちばん多いのは22回で，3人いることがドットプロットからわかります。

4 データの調べ方④ 中央値

P10・11

1 ① 10g，12g，12g，13g，13g，15g，17g，17g，21g

② 11g，12g，12g，14g，15g，15g，16g，18g，19g，23g

③ 13g

④ 15g

⑤ はなさん

2 ①

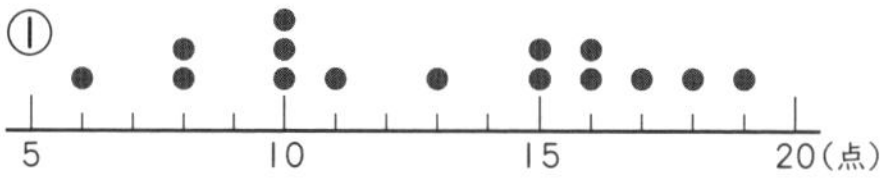

② 13点

3 ①

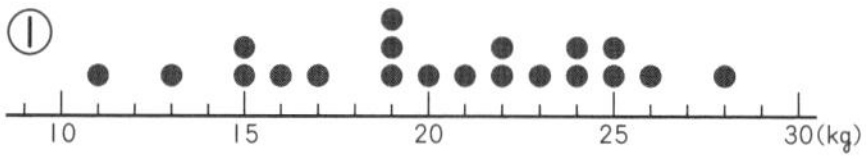

② 4人

③ 20.5kg

ポイント!

データを大きさの順に並《なら》べたときの中央の値《あたい》を，中央値《ちゅうおうち》といいます。データの個数が，
奇数《きすう》のとき，中央の値《あたい》が中央値《ちゅうおうち》
偶数《ぐうすう》のとき，中央の2つの値《あたい》の平均が中央値《ちゅうおうち》

解き方

1 ①② データを大きさの順に並《なら》べると，中央値《ちゅうおうち》がわかりやすくなります。

③ データが9個(奇数《きすう》)あるので，ちょうど真ん中の5番目の値《あたい》が中央値《ちゅうおうち》になります。

④ データが10個(偶数《ぐうすう》)あるので，中央の2つの値《あたい》を調べます。中央の5番目と6番目の値《あたい》はどちらも15なので，これが中央値《ちゅうおうち》になります。

⑤ ③と④で求めた中央値《ちゅうおうち》を比べて，大きいほうを選びます。

2 ① データをドットプロットに表すと，大きさの順に並《なら》ぶことになります。

② データの個数が15(奇数《きすう》)なので，ちょうど真ん中の8番目の値《あたい》が中央値《ちゅうおうち》になります。ドットプロットより，8番目の値《あたい》は13です。

3 ③ はるとさんのクラスは20人(偶数《ぐうすう》)なので，中央の2つの値《あたい》の平均が中央値《ちゅうおうち》になります。ドットプロットより，中央の10番目と11番目の値《あたい》は，それぞれ20，21です。
(20+21)÷2=20.5(kg)

5 データの調べ方⑤ 代表値とドットプロット①

P12・13

1 ① 1組…
(24+16+22+31+27+24+25+15+36+18+25+26+14+24+20+21)÷16=23　答え　23m

2組…
(39+36+12+14+26+23+32+15+25+20+31+17+28+19+23)÷15=24　答え　24m

②

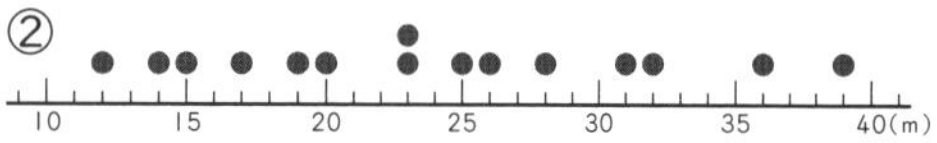

③

1組

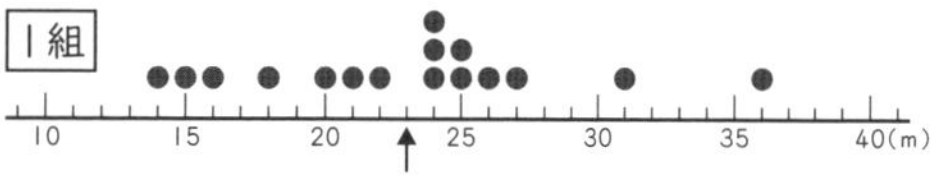

2組

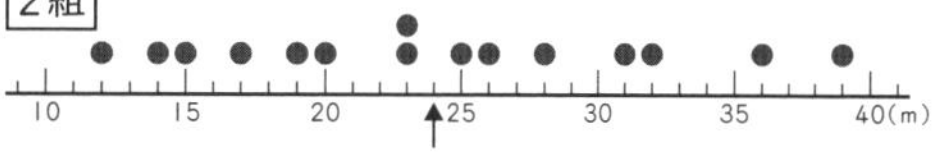

④ 2組

⑤ 2組

2 ① 7冊

② 8冊

3 ① 38cm

② 37.5cm

解き方

①② 同じ値《あたい》があるときは，上に積み上げてかきます。

④ 30m以上の人は，1組が2人，2組は4人います。

⑤ 1組と2組のドットプロットを比べて，●のある値《あたい》のはんいが大きいほうを選びます。
計算で求めると，
1組…36－14＝22(m)
2組…39－12＝27(m)　となります。

②① ●の数がいちばん多いところの値《あたい》が最頻値《さいひんち》になります。

② データが19個(奇数《きすう》)あるので，ちょうど真ん中の10番目の値《あたい》が中央値《ちゅうおうち》になります。

③② データが22個(偶数《ぐうすう》)あるので，中央の11番目と12番目の値《あたい》(37と38)の平均が中央《ちゅうおう》値《ち》になります。
(37＋38)÷2＝37.5(cm)

6　データの調べ方⑥　代表値とドットプロット②

P14・15

1 ① A班《エーはん》…13点
B班《ビーはん》…11点

② A班

③ A班《エーはん》…12点
B班《ビーはん》…13点

④ B班

2 ① 1組

② 1組…
(14＋15＋16×2＋18＋20＋21×3＋22＋23×2＋24×2＋25×2＋26＋27＋28＋31)÷20＝22　**答え** 22m

2組…
(19×2＋20×3＋21×2＋22×3＋24×4＋25＋26＋27×2＋30)÷19＝23　**答え** 23m

③

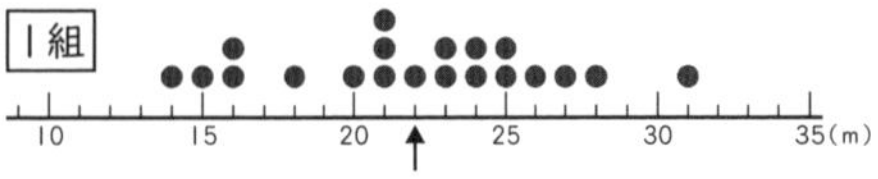

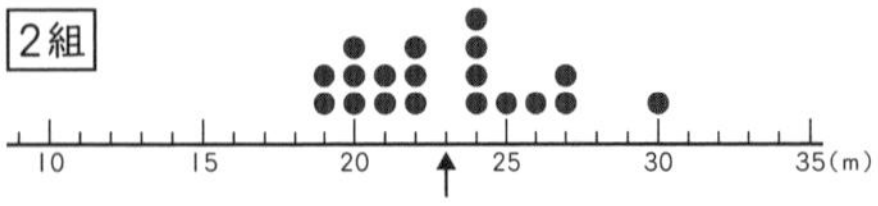

④ 2組

⑤ 2組

⑥ 1組

⑦ 24m

解き方

①③ A班《エーはん》…ちょうど真ん中の8番目の値《あたい》は12です。
B班《ビーはん》…中央の8番目と9番目の値《あたい》は，どちらも13です。

②⑤ それぞれのドットプロットから，●の数がいちばん多い値《あたい》を見つけて，比べます。

⑥ 1組…中央の10番目と11番目の値《あたい》はそれぞれ22と23だから，中央値《ちゅうおうち》は，
(22＋23)÷2＝22.5(m)です。
2組…ちょうど真ん中の10番目の値《あたい》は22だから，中央値《ちゅうおうち》は22mです。

⑦ 1組と2組を合わせると，24mが合計6人でいちばん多いです。

7　データの調べ方⑦　度数分布表①

P16・17

1 ① 10分

② 4人

③ 30，40

2 ①

反復横とびの記録

回数(回)	人数(人)
25以上～30未満	2
30　～35	3
35　～40	5
40　～45	6
45　～50	5
50　～55	4
合　計	25

② 3人

③ 40回以上45回未満

④ 35回以上40回未満

⑤ 50回以上55回未満

⑥ 9人

⑦ 45回以上50回未満

ポイント!

「10以上」とは，10と等しいか，10より大きい数です。
「10未満」とは，10より小さい数です。10は入りません。

解き方

①① 「0分以上～」の次の階級が「10分以上～」なので，10分ごとに区切っていることがわかります。

② 度数分布表の，10分以上20分未満の階級の度数を見ます。

2 ② 30回以上35回未満の階級の度数は3(人)です。
⑤「50回」は，「～50回未満」ではなく，「50回以上～」の階級に入ります。
⑥ 45回以上50回未満の階級と，50回以上55回未満の階級の度数をたして求めます。
5+4=9(人)
⑦ 回数が多いほうから数えて5番目から9番目の人が，45回以上50回未満の階級に入っています。

8 データの調べ方⑧ 度数分布表②

P18・19

1 ① 5冊以上10冊未満
② 5人
③ 2班《はん》

冊数《さっすう》(冊《さつ》)	人数(人)
0以上～ 5未満	1
5 ～10	4
10 ～15	6
15 ～20	1
合 計	12

④ 1班

2 ①

1組

あく力(kg)	人数(人)
10以上～15未満	2
15 ～20	4
20 ～25	5
25 ～30	6
30 ～35	1
合 計	18

2組

あく力(kg)	人数(人)
10以上～15未満	1
15 ～20	2
20 ～25	6
25 ～30	5
30 ～35	3
合 計	17

② 1組…25kg以上30kg未満
2組…20kg以上25kg未満
③ 1組…6人
2組…3人
④ 1組…20kg以上25kg未満
2組…25kg以上30kg未満
⑤ 2組

解き方

1 ② 10冊《さつ》以上15冊《さつ》未満の階級と，15冊《さつ》以上20冊《さつ》未満の階級の度数をたして求めます。
3+2=5(人)

2 ③ 1組…2+4=6(人)
2組…1+2=3(人)
④ 記録がよいほうの階級から人数を数えて考えます。
⑤ 記録が25kg以上の人は，
1組…6+1=7(人)
2組…5+3=8(人)
なので，2組のほうが多いです。

9 データの調べ方⑨ ヒストグラム①

P20・21

1 ① 0時間以上12時間未満
② ㋒
③ ㋓
④ ㋔と㋕
⑤ 5人

2 ① 28人
② 1時間以上8時間未満
③ 5人
④ 4時間以上5時間未満
⑤ 5時間以上6時間未満
⑥ 7人

解き方

1 ① 読書時間は横軸《よこじく》に表されています。
② 度数は縦軸《たてじく》で表されています。4時間以上6時間未満の階級が，いちばん度数が多いです。
③ 7時間は，6時間以上8時間未満の階級にふくまれます。
⑤ 8時間以上10時間未満の階級と，10時間以上12時間未満の階級の度数をたして求めます。
3+2=5(人)

2 ① それぞれの階級の度数をたして求めます。
⑤ 運動時間が長いほうから数えて6番目から9番目の人が，5時間以上6時間未満の階級に入っています。
⑥ 1時間以上2時間未満の階級と，2時間以上3時間未満の階級の度数をたして求めます。
3+4=7(人)

10 データの調べ方⑩ ヒストグラム②

P22・23

1 ① 30人
② 8人
③ 7番目から10番目
④ 25点以上30点未満
⑤ イ，エ

2

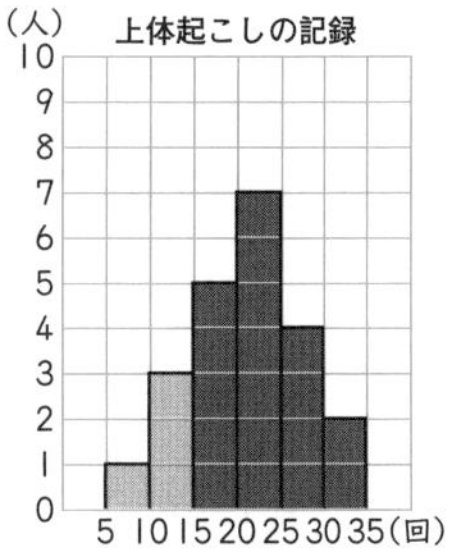

3

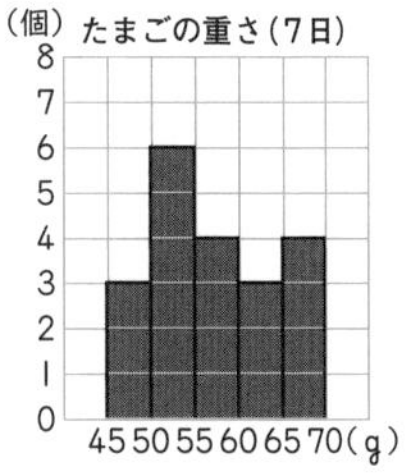

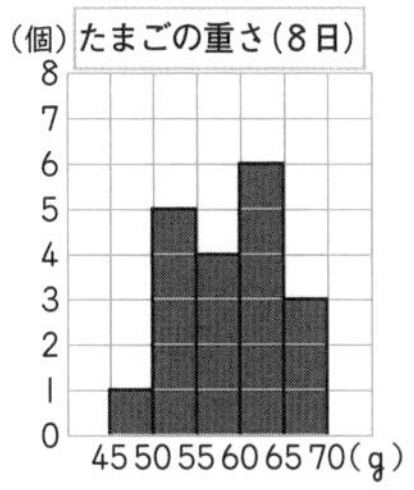

ポイント！

ヒストグラムでは，横軸《よこじく》は階級を示す数値《すうち》で，縦軸《たてじく》はその階級に入る度数を表しています。

解き方

1 ② 15点以上20点未満の階級と，20点以上25点未満の階級の度数をたして求めます。
3＋5＝8(人)

③④

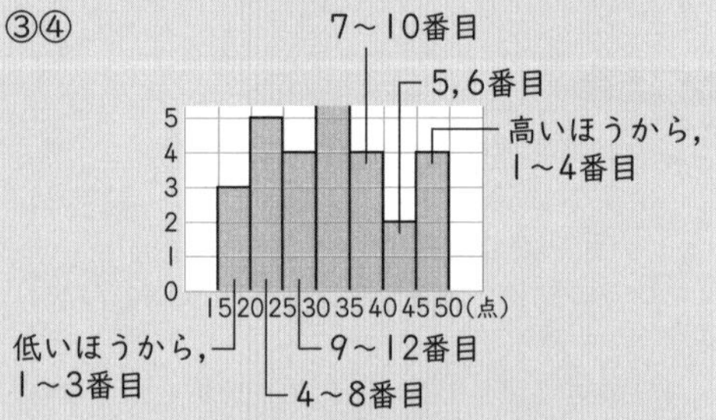

⑤ それぞれの人の点数が何点かはわからないので，イの平均値《へいきんち》やエのいちばん高い点数を求めることはできません。

11 データの調べ方⑪ 度数分布表とヒストグラム①

P24・25

1 ① 垂直《すいちょく》とびの記録

きょり(cm)	人数(人)
20以上～25未満	2
25 ～30	4
30 ～35	2
35 ～40	6
40 ～45	3
45 ～50	3
合　計	20

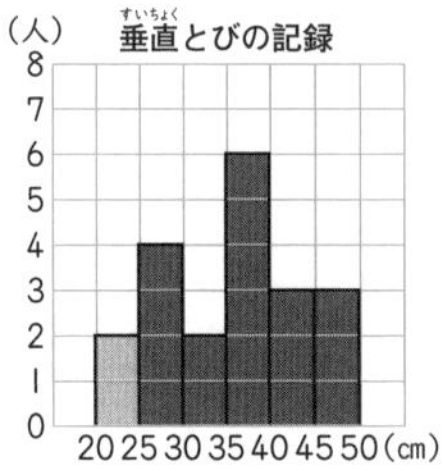

② 30％

2 ①

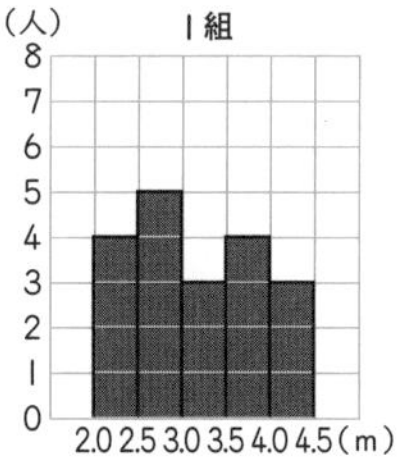

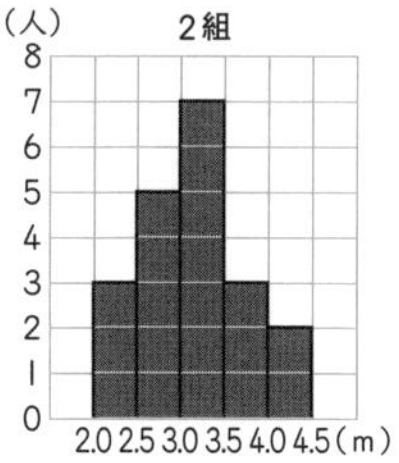

② 1組…9人
2組…8人

③ 1組…4番目から7番目
2組…3番目から5番目

④ 2組

⑤ 1組

解き方

1 ② 記録が40cm以上の人は，3＋3＝6(人)
クラス全体の人数は20人だから，
6÷20＝0.3

2 ② 1組…4＋5＝9(人)
2組…3＋5＝8(人)

③ 記録が3.9mの人は，3.5m以上4.0m未満の階級に入っています。

④ いちばん度数が多いのは，
1組…2.5m以上3.0m未満
2組…3.0m以上3.5m未満
なので，2組の記録のほうがよいといえます。

⑤ 記録が3.5m以上の人数の割合《わりあい》は，
1組…3.5m以上の人は，4＋3＝7(人)
1組全体の人数は19人だから，
7÷19＝0.368…
2組…3.5m以上の人は，3＋2＝5(人)
2組全体の人数は20人だから，
5÷20＝0.25
なので，割合《わりあい》で比べると1組の記録のほうがよいといえます。

12 データの調べ方⑫ 度数分布表とヒストグラム②

P26・27

1 ① 50m走の記録

時間(秒)	人数(人)
7以上～ 8未満	1
8 ～ 9	2
9 ～10	4
10 ～11	5
11 ～12	3
合　計	15

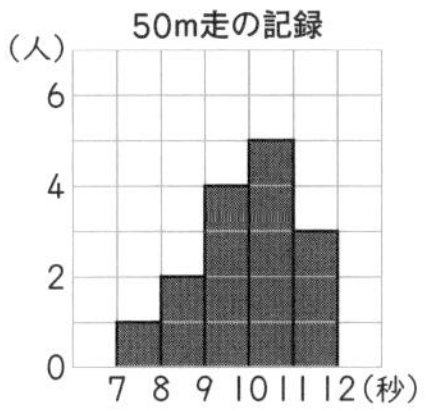

② 20%

③ 10秒以上11秒未満

④ 速いほう

2 ①(1)

ソフトボール投げの記録

きょり(m)	人数(人)	
	5年生	6年生
10以上～15未満	3	1
15　～20	5	3
20　～25	6	4
25　～30	4	7
30　～35	2	5
合　計	20	20

(2)

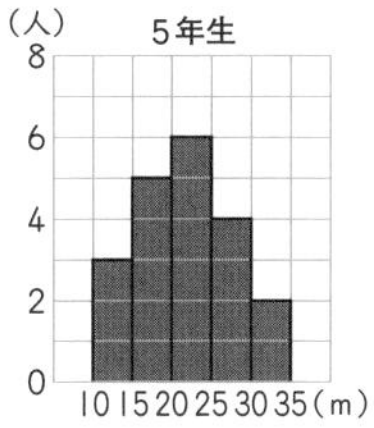

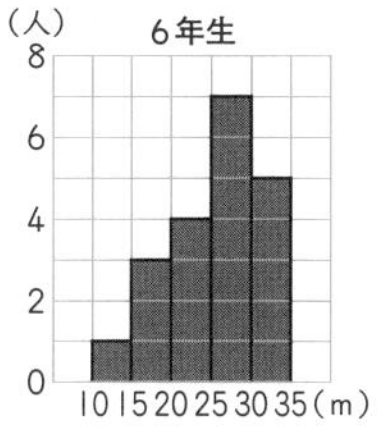

② 5年生…8人
　6年生…4人

③ 5年生…30%
　6年生…60%

④ ア　長い
　イ　よい

解き方

1 ② 記録が9秒未満の人は，1+2=3(人)
クラス全体の人数は15人だから，
3÷15=0.2

③ クラスの合計人数が15人なので，中央値《ちゅうおうち》は速いほうから数えて8番目の値《あたい》になります。この値《あたい》は，10秒以上11秒未満の階級にふくまれます。

④ ③より，中央値《ちゅうおうち》は10秒以上11秒未満です。9.7秒はこの中央値《ちゅうおうち》よりも速いので，ゆうとさんの記録は速いほうといえます。

2 ② 5年生…3+5=8(人)
6年生…1+3=4(人)

③ 5年生…(4+2)÷20=0.3
6年生…(7+5)÷20=0.6

度数分布表とヒストグラム③

P28・29

1 ①

A《エー》の畑

重さ(g)	個数(個)
10以上～14未満	0
14　～18	2
18　～22	3
22　～26	6
26　～30	4
合　計	15

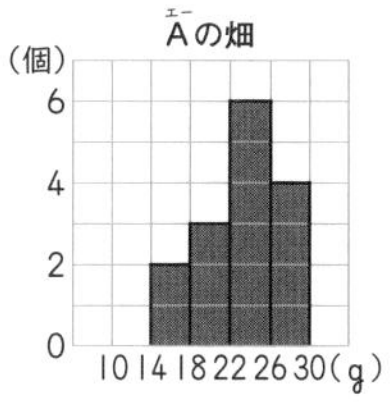

② ア　A
　イ　度数〔個数〕
　ウ　重い

2 ①(1)

50m走の記録

時間(秒)	人数(人)	
	1組	2組
6以上～　7未満	1	1
7　～　8	4	5
8　～　9	7	3
9　～10	5	5
10　～11	3	6
合　計	20	20

(2)

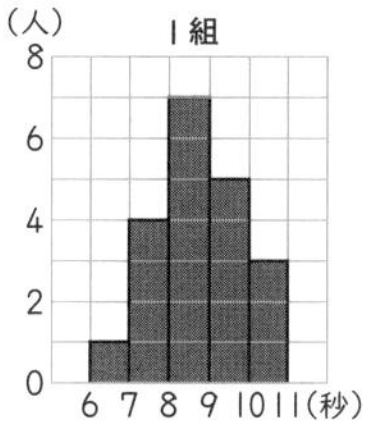

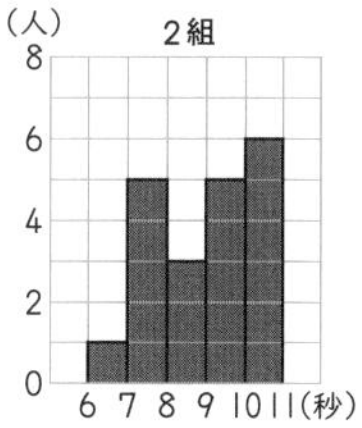

② 2
理由…(例)(それぞれのクラスの上位6人の記録を見ると,)2組は6秒以上8秒未満のはんいにあるが，1組は6秒以上9秒未満のはんいにあるので。

③ 1
理由…(例)ヒストグラムを比べると，1組より2組のほうが，おそいほうの階級の度数が多いので。

解き方

1 ② A《エー》の畑は10g以上14g未満の階級の度数が0で，B《ビー》の畑は26g以上30g未満の階級の度数が0です。このことからも，A《エー》の畑のヒストグラムのほうが，重いほうにかたよっていることがわかります。

2 ② それぞれのクラスの上位6人の記録を合計して(1組…45.6秒，2組…44.0秒)比べてもよいです。

③ 平均値《へいきんち》(1組…8.715秒，2組…8.91秒)や最頻値《さいひんち》(1組…8.5秒，2組…10.4秒)を求めて比べてもよいです。

14 データの調べ方⑭ いろいろなグラフ①

P30･31

1 ① 1970年…20才以上24才以下
2020年…45才以上49才以下

② イ，ウ

2 ① 7時30分

② 10分間

③ 7時10分

④ (A駅から)30kmのところ

⑤ 7時50分

⑥ (A駅から)40kmのところ

解き方

1 ① 1970年…男女ともに，20才以上24才以下の階級がいちばん多いです。
2020年…男女を合わせて考えると，45才以上49才以下の階級がいちばん多いです。

② ア 1970年の10才以上14才以下の人口は，男女ともに500万人未満です。
エ 1970年の60才以上64才以下の女性の人口は約200万人ですが，2020年の同じ階級の女性の人口は，400万人より少ないです。

2 ③「下り急行」のグラフの，A《エー》駅から0kmの地点の時間を読み取ります。

④「下りふつう」のグラフと，「下り急行」のグラフが交わるところで，ふつう列車は追いこされます。

⑤⑥「下りふつう」のグラフと，「上りふつう」のグラフが交わる点から，時刻《じこく》と位置を読み取ります。

15 データの調べ方⑮ いろいろなグラフ②

P32･33

1 ① ア 円グラフ
イ ヒストグラム
ウ 帯グラフ
エ 折れ線グラフ
オ 棒グラフ

② (1) エ
(2) ア，ウ
(3) オ
(4) イ

2 ① エ

② イ

③ ウ

④ ア

3 ① 円グラフ〔帯グラフ〕

② ヒストグラム〔柱状グラフ〕

③ 折れ線グラフ

④ 棒グラフ

ポイント！

棒《ぼう》グラフ　量を比べる。
折れ線グラフ　変化のようすを調べる。
円グラフ,帯グラフ　全体に対する割合《わりあい》を調べる。
ヒストグラム　データのちらばりを調べる。

解き方

1 ① イ，オ　棒《ぼう》グラフは棒《ぼう》と棒《ぼう》の間があいていますが，ヒストグラムはあいていません。

16 データの調べ方⑯ データを読み解く問題①

P34･35

1 ① 1975年…$100 \div 10.63 = 9.407\cdots$

答え 秒速約9.41m

2020年…$100 \div 10.27 = 9.737\cdots$

答え 秒速約9.74m

② (1) 2020年

(2) $9.41 \times 10.27 = 96.6407$

答え 96.6407m

(3) $100 - 96.6407 = 3.3593$

答え 約3m

2 ① 男子…$21.36 - 20.75 = 0.61$

答え 0.61秒

女子…24.65－23.17＝1.48

答え　1.48秒

② 1975年…200÷24.65＝8.113…

答え　秒速約8.11m

2020年…200÷23.17＝8.631…

答え　秒速約8.63m

③ 8.11×23.17＝187.9087

200－187.9087＝12.0913

答え　約12m

解き方

1 ① 秒速を求めるので，道のり(m)÷時間(秒)の式で計算します。

② (1) 2020年の大会の優勝者《ゆうしょうしゃ》のほうが記録がよいので,先にゴールすると考えられます。

(2) 2020年の大会の優勝者《ゆうしょうしゃ》が先にゴールするので，1975年の大会の優勝者《ゆうしょうしゃ》は秒速9.41mで10.27秒間走り，96.6407m進んでいることになります。

(3) 2020年の大会の優勝者《ゆうしょうしゃ》は100m進んでいることになるので，2人の道のりの差は，100－96.6407で求めます。

2 ① 男子と女子について，それぞれ1975年の記録から2020年の記録をひいて差を求めます。

③ ①で求めた2人の記録の差(1.48秒)を使って求めることもできます。

2人の道のりの差は，1975年の大会の優勝《ゆうしょう》者《しゃ》が1.48秒間走ったときの道のりと同じであると考えられます。②より，1975年の大会の優勝者《ゆうしょうしゃ》の速さは秒速8.11mなので，

8.11×1.48＝12.0028

2人の道のりの差は，約12mです。

17 データの調べ方⑰ データを読み解く問題②

P36・37

1 ① 順位の予想…A→D→C→B

理由…(例)（それぞれのチームの4人の自《じ》己《こ》ベストを合計すると,）Aは45.38秒，Bは46.14秒，Cは46.11秒，Dは45.86秒となり，この合計時間の順になると考えられるから。

② 各チームの4人の走者の自《じ》己《こ》ベストの合計と，決勝タイムの差

チーム	自《じ》己《こ》ベストの合計(秒)	決勝タイム(秒)	差
A《エー》	45.38	43.90	1.48
B《ビー》	46.14	44.02	2.12
C《シー》	46.11	44.15	1.96
D《ディー》	45.86	44.26	1.60

③ 2.12÷3＝0.706…　答え　約0.71秒

④（例）自己ベストの合計と決勝タイムの差が大きいほど，バトンパスで時間を短くできていることになるので，差は大きいほうがよい。

⑤ ア 46

イ 43.88

ウ 短い〔速い〕

エ なる

解き方

1 ③ ②より，B《ビー》チームの自《じ》己《こ》ベストの合計と決勝タイムの差は2.12秒なので，バトンパスによってこの時間を短くできたと考えられます。4人のリレーなので，バトンパスは3回あるから，2.12秒をバトンパスの回数でわって平均を求めます。

⑤ B《ビー》チームの4人の自《じ》己《こ》ベストの合計は，

11.5×4＝46(秒)

この記録がバトンパスによって2.12秒短くなるから，46－2.12＝43.88(秒)

これはA《エー》チームの決勝タイムより短いので，B《ビー》チームは1位になると考えられます。

18 データの調べ方⑱ データを読み解く問題③

P38・39

1 ① テレビ，インターネット

② ア，ウ

③ ア 26.1

イ 69.3

ウ インターネット

エ 正しい

④ ア 小さく

イ 大きく

解き方

1 ① それぞれのデータのグラフから，テレビとインターネットの割合《わりあい》が特に大きいことがわかります。

② イ　20代は，テレビよりインターネットの割合《わりあい》のほうが大きいです。

エ　データ㋑の全年代のグラフは,インターネットよりテレビの割合《わりあい》のほうが大きいです。

19 データの調べ方⑲
データを読み解く問題④
P40・41

1 ① ア 100
イ 25
ウ 400
エ 30
オ 120
② 1%

2 ① 90人
② 18%
③ 125人
④ (例) 510÷500=1.02
先月より増えたのは2%だから，3倍に増えていない。

解き方

1① 160g以上180g未満の個数が100個で割合《わりあい》が25%なので，全部の個数は，
100÷0.25=400(個)です。
140g以上160g未満の割合《わりあい》は30%なので，個数は，400×0.3=120(個)です。
② 404÷400=1.01

2③ 60才以上80才未満の人数は90人で割合《わりあい》は18%だから，全体の人数は，90÷0.18=500(人)です。
20才以上40才未満の割合《わりあい》は25%だから，人数は，500×0.25=125(人)です。
または，20才以上40才未満の割合《わりあい》(25%)は，80才以上100才未満の割合《わりあい》(5%)の5倍だから，80才以上100才未満の人数(25人)を5倍して，25×5=125(人)と求めてもよいです。
④ 今月の棒《ぼう》グラフの長さは，先月の3倍に見えますが，縦軸《たてじく》の目もりの数に注意して，割合《わりあい》を求めて考えます。

20 割合①
分数の倍①
P42・43

1 ① $8 \div 5 = \frac{8}{5}$ 答え $\frac{8}{5}$倍
② $5 \times \frac{3}{4} = \frac{15}{4}$ 答え $\frac{15}{4}$m
③ $8 \div \frac{15}{4} = \frac{32}{15}$ 答え $\frac{32}{15}$倍

2 ① $240 \times \frac{2}{3} = 160$ 答え 160円
② $240 \times \frac{7}{4} = 420$ 答え 420円

3 ① $1 \div 4 = \frac{1}{4}$ 答え $\frac{1}{4}$倍
② $\frac{9}{10} \div 4 = \frac{9}{40}$ 答え $\frac{9}{40}$倍
③ $\frac{12}{7} \div 4 = \frac{3}{7}$ 答え $\frac{3}{7}$倍

ポイント！
割合《わりあい》=比べる量÷もとにする量
比べる量=もとにする量×割合《わりあい》

解き方

1① 比べる量が赤のテープの長さ(8m)，もとにする量が青のテープの長さ(5m)です。

2① ノートの値段《ねだん》×$\frac{2}{3}$=えん筆の値段《ねだん》 です。

3① 比べる量が1L，もとにする量が4Lです。

21 割合②
分数の倍②
P44・45

1 ① (左から)$\frac{3}{8}$，1
② $x \times \frac{3}{8} = \frac{7}{4}$
③ $x = \frac{7}{4} \div \frac{3}{8}$
$= \frac{14}{3}$ 答え $\frac{14}{3}$L $\left(4\frac{2}{3}\text{L}\right)$

2 ① $x \times \frac{16}{9} = \frac{24}{5}$
② $x = \frac{24}{5} \div \frac{16}{9}$
$= \frac{27}{10}$ 答え $\frac{27}{10}$m $\left(2\frac{7}{10}\text{m}\right)$

3 テープ全体の長さをxmとすると
$x \times \frac{5}{6} = \frac{15}{8}$
$x = \frac{15}{8} \div \frac{5}{6}$
$= \frac{9}{4}$ 答え $\frac{9}{4}$m $\left(2\frac{1}{4}\text{m}\right)$

4 ① 36
② 40
③ $\frac{21}{5}$ $\left(4\frac{1}{5}\right)$
④ $\frac{3}{2}$ $\left(1\frac{1}{2}\right)$

💡ポイント!

もとにする量をx《エックス》として，かけ算の式に表します。

解き方

1 ① ジュースの量がもとにする量です。

② ジュースの量$\times\frac{3}{8}$=お茶の量 です。

2 ① 縦《たて》の長さ$\times\frac{16}{9}$=横の長さ です。

3 全体の長さ$\times\frac{5}{6}$=色のついた部分の長さ です。

4 □をx《エックス》とします。

① $x\times\frac{1}{3}=12$，$x=12\div\frac{1}{3}=12\times3=36$

② $x\times\frac{7}{10}=28$，$x=28\div\frac{7}{10}=28\times\frac{10}{7}=40$

③ $x\times\frac{2}{9}=\frac{14}{15}$，$x=\frac{14}{15}\div\frac{2}{9}=\frac{14}{15}\times\frac{9}{2}=\frac{21}{5}$

④ $\frac{3}{4}\times x=\frac{9}{8}$，$x=\frac{9}{8}\div\frac{3}{4}=\frac{9}{8}\times\frac{4}{3}=\frac{3}{2}$

22 割合③ 割合を表す分数①

P46・47

1 ① A《エー》さん…$\frac{1}{6}$

B《ビー》さん…$\frac{1}{12}$

② $\frac{1}{6}+\frac{1}{12}=\frac{1}{4}$　　答え $\frac{1}{4}$

③ $1\div\frac{1}{4}=4$　　答え 4日

2 $1\div\frac{1}{7}=7$　　答え 7日

3 $1\div\left(\frac{1}{12}+\frac{1}{24}\right)=8$　　答え 8分

4 $1\div\left(\frac{1}{15}+\frac{1}{10}\right)=6$　　答え 6日

5 $1\div\left(\frac{1}{6}+\frac{1}{9}+\frac{1}{18}\right)=3$　　答え 3分

6 $1\div\left(\frac{1}{40}+\frac{1}{24}+\frac{1}{30}\right)=10$　　答え 10分

💡ポイント!

全体を1とみて，それぞれが1日に，全体のどれだけの仕事ができるかを考えます。

解き方

1 ① 仕事全体の量を1と考えると，A《エー》さんは6日で仕事全体の量の1になるから，

$1\div6=\frac{1}{6}$

また，B《ビー》さんは12日で仕事全体の量の1になるから，$1\div12=\frac{1}{12}$

② 2人がいっしょに仕事をしたときの1日にできる仕事の量は，それぞれが1日にする仕事の量をたして求めます。

3 水そう全体を1として考えます。
A《エー》とB《ビー》のじゃ口で1分間に入れられる水の量は，それぞれ全体の$\frac{1}{12}$，$\frac{1}{24}$にあたるので，A《エー》とB《ビー》のじゃ口を同時に使ったときに1分間に入れられる水の量は，全体の$\frac{1}{12}+\frac{1}{24}$にあたります。

4 仕事全体を1として考えます。
A《エー》さんとB《ビー》さんが1日にする仕事の量は，それぞれ全体の$\frac{1}{15}$，$\frac{1}{10}$にあたるので，A《エー》さんとB《ビー》さんがいっしょに仕事をしたときの1日にできる仕事の量は，全体の$\frac{1}{15}+\frac{1}{10}$にあたります。

5 水そう全体を1として考えます。
A《エー》，B《ビー》，C《シー》の管で1分間に入れられる水の量は，それぞれ全体の$\frac{1}{6}$，$\frac{1}{9}$，$\frac{1}{18}$にあたるので，A《エー》，B《ビー》，C《シー》の管を同時に使ったときに1分間に入れられる水の量は，全体の$\frac{1}{6}+\frac{1}{9}+\frac{1}{18}$にあたります。

6 仕事全体を1として考えます。
A《エー》さん，B《ビー》さん，C《シー》さんが1分間にできる仕事の量は，それぞれ全体の$\frac{1}{40}$，$\frac{1}{24}$，$\frac{1}{30}$にあたるので，A《エー》さん，B《ビー》さん，C《シー》さんがいっしょに仕事をしたときの1分間にできる仕事の量は，全体の$\frac{1}{40}+\frac{1}{24}+\frac{1}{30}$にあたります。

23 割合④ 割合を表す分数②

P48・49

1 ① $\frac{1}{15}$

② $\frac{1}{15}\times8=\frac{8}{15}$　　答え $\frac{8}{15}$

③ $1-\frac{1}{15}\times11=\frac{4}{15}$　　答え $\frac{4}{15}$

2 $1-\frac{1}{7}\times3=\frac{4}{7}$　答え $\frac{4}{7}$

3 ① $1-\frac{1}{18}\times9=\frac{1}{2}$　答え $\frac{1}{2}$

② $\frac{1}{2}\div\frac{1}{6}=3$　答え 3分

4 $1-\frac{1}{20}\times8=\frac{3}{5}$

$\frac{3}{5}\div\frac{1}{10}=6$　答え 6分

5 $1-\frac{1}{9}\times3=\frac{2}{3}$

$\frac{2}{3}\div\frac{1}{15}=10$　答え 10分

解き方

②家から駅までの道のり全体を1とすると，りくさんが走った道のりは，$\frac{1}{7}\times3=\frac{3}{7}$にあたるから，残りの道のりは，$1-\frac{3}{7}=\frac{4}{7}$にあたります。

③① 1分間に歩く道のりは全体の$\frac{1}{18}$にあたり，9分歩いたから，歩いた道のりは，全体の$\frac{1}{18}\times9=\frac{1}{2}$にあたります。

② 1分間に走る道のりは，全体の$\frac{1}{6}$にあたります。①より，走った道のりは，全体の$\frac{1}{2}$にあたります。

④まず，ゆうとさんが8分歩いたあとの残りの道のりが，全体のどれだけになるかを考えます。道のり全体を1とすると，歩いた道のりは，全体の$\frac{1}{20}\times8=\frac{2}{5}$にあたるから，残りの道のりは，全体の$1-\frac{2}{5}=\frac{3}{5}$にあたります。

⑤まず，まなさんが3分走ったあとの残りの道のりが，全体のどれだけになるかを考えます。道のり全体を1とすると，走った道のりは，全体の$\frac{1}{9}\times3=\frac{1}{3}$にあたるから，残りの道のりは，全体の$1-\frac{1}{3}=\frac{2}{3}$にあたります。

24 割合⑤ 割合を表す分数③

P50・51

1 $\frac{1}{4}\div\frac{1}{8}=2$　答え 2分

2 $\frac{1}{2}\div\frac{1}{14}=7$　答え 7分

3 $\frac{5}{6}\div\frac{1}{18}=15$　答え 15分

4 $15\times\left(1+\frac{1}{3}\right)=20$　答え 20個

5 $147\times\left(1+\frac{1}{7}\right)=168$　答え 168cm

6 $8\times\left(1-\frac{1}{4}\right)=6$　答え 6m

7 $18\times\left(1-\frac{1}{6}\right)=15$　答え 15m

ポイント!

①～③は，時間(何分かかるか)を求めるので，「道のり÷速さ」の式を使います。「速さ」は，「1分間に歩く道のり」として考えます。
④～⑦は，比べる量を求める問題です。割合《わりあい》を(　　)を使った式で表して求めます。

解き方

④もとにする量(りんごの個数)に割合《わりあい》$\left(1+\frac{1}{3}\right)$をかけて，比べる量(みかんの個数)を求めます。

⑤もとにする量(いつきさんの身長)に割合《わりあい》$\left(1+\frac{1}{7}\right)$をかけて，比べる量(お兄さんの身長)を求めます。

⑥もとにする量(はじめのリボンの長さ)に割合《わりあい》$\left(1-\frac{1}{4}\right)$をかけて，比べる量(残りのリボンの長さ)を求めます。

⑦もとにする量(赤のテープの長さ)に割合《わりあい》$\left(1-\frac{1}{6}\right)$をかけて，比べる量(緑のテープの長さ)を求めます。

25　比①
比
P52·53

1 ① 5：8
② 27：16

2 4：7

3 21：19

4 10：13

5 ① 1　② 2
③ $\frac{1}{2}$　④ $\frac{3}{4}$

6 ① $\frac{1}{4}$　② $\frac{6}{7}$
③ $\frac{14}{9}$　④ $\frac{11}{20}$
⑤ 5　⑥ 4
⑦ $\frac{2}{3}$　⑧ $\frac{3}{8}$

ポイント!
A《エー》：B《ビー》の比の値《あたい》は，A《エー》÷B《ビー》で求めます。

解き方

5「B《ビー》を1とみたときA《エー》はいくつにあたるか」は，「A《エー》はB《ビー》の何倍になっているか」ということだから，A《エー》÷B《ビー》で求めます。
① $10\div10=1$　② $40\div20=2$
③ $10\div20=\frac{1}{2}$　④ $30\div40=\frac{3}{4}$

6 ⑤ $5\div1=\frac{5}{1}=5$　⑥ $12\div3=\frac{12}{3}=4$
⑦ $30\div45=\frac{30}{45}=\frac{2}{3}$　⑧ $24\div64=\frac{24}{64}=\frac{3}{8}$

26　比②
等しい比①
P54·55

1 ① 3
② 12

2 ① 2
② 6

3 ① 3，3　② 5，5

4 ①（例）2：4，3：6
②（例）3：5，12：20

5 ① 等しい
② 等しくない

6 ① 6　② 21
③ 3　④ 9
⑤ 6　⑥ 54
⑦ 15　⑧ 18

ポイント!
a《エー》：b《ビー》の，a《エー》とb《ビー》に同じ数をかけても，a《エー》とb《ビー》を同じ数でわっても，比は等しくなります。

解き方

4 ① 1：2の，1と2にそれぞれ2をかけると2：4，3をかけると3：6になります。
② 6：10の，6と10をそれぞれ2でわると3：5，6と10にそれぞれ2をかけると12：20になります。

5 ① 4：9の4と9にそれぞれ3をかけると，12：27になります。
② 20：16の20と16をそれぞれ2でわると，10：8になります。10：9にはならないので，等しいとはいえません。

6 ① 5に3をかけると15になるので，2に3をかけてx《エックス》を求めます。
×3
$2:5=x:15$　$x=2\times3=6$
×3
② $x=3\times7=21$
③ 28を4でわると7になるので，12を4でわってx《エックス》を求めます。
÷4
$12:28=x:7$　$x=12\div4=3$
÷4
④ $x=45\div5=9$
⑤ 5に8をかけると40になることから，x《エックス》に8をかけると48になることがわかります。
×8
$x:5=48:40$　$x\times8=48$，$x=6$
×8
⑥ 60を6でわると10になることから，x《エックス》を6でわると9になることがわかります。
÷6
$x:60=9:10$　$x\div6=9$，$x=54$
÷6
⑦ $x\times3=45$，$x=15$
⑧ $x\div9=2$，$x=18$

27 比③ 等しい比②

P56・57

1 ① 4
② （左から）3，4

2 ① 6：7　② 9：4
③ 8：5　④ 6：13
⑤ 7：2　⑥ 3：5

3 ① 3：8　② 5：2
③ 9：10　④ 4：3

4 ① 2：3
② 3：4
③ 9：7
④ 3：5

ポイント！
a《エー》：b《ビー》のa《エー》とb《ビー》を，a《エー》とb《ビー》の最大公約数でわると，比を簡単《かんたん》にできます。

解き方

2 ① 18と21の最大公約数は3だから，

÷3

18：21＝6：7

÷3

② 45と20の最大公約数は5だから，

÷5

45：20＝9：4

÷5

③ 56：35の56と35を，それぞれ最大公約数の7でわって簡単《かんたん》にします。
④ 12：26の12と26を，それぞれ最大公約数の2でわって簡単《かんたん》にします。
⑤ 84：24の84と24を，それぞれ最大公約数の12でわって簡単《かんたん》にします。
⑥ 300：500の300と500を，それぞれ最大公約数の100でわって簡単《かんたん》にします。

3 ① 1.8：4.8＝(1.8×10)：(4.8×10)
＝18：48＝3：8
② 1.5：0.6＝(1.5×10)：(0.6×10)
＝15：6＝5：2
③ $\frac{3}{4}:\frac{5}{6}=\left(\frac{3}{4}\times12\right):\left(\frac{5}{6}\times12\right)=9:10$
④ $\frac{6}{7}:\frac{9}{14}=\left(\frac{6}{7}\times14\right):\left(\frac{9}{14}\times14\right)$
＝12：9＝4：3

4 ① 0.8：1.2＝(0.8×10)：(1.2×10)
＝8：12＝2：3
④ $\frac{9}{10}:\frac{3}{2}=\left(\frac{9}{10}\times10\right):\left(\frac{3}{2}\times10\right)$
＝9：15＝3：5

28 比④ 比の利用①

P58・59

1 ① 5：6＝45：x
② 54枚

2 （りんごの個数をx《エックス》個とすると）
7：3＝28：x
x＝12　答え 12個

3 食塩の重さをxgとすると
1：8＝x：200
x＝25　答え 25g

4 縦の長さを$x$cmとすると
3：4＝x：60
x＝45　答え 45cm

5 オリーブ油の量をxmLとすると
4：5＝120：x
x＝150　答え 150mL

6 赤い花の本数をx本とすると
9：7＝x：42
x＝54　答え 54本

7 1組の人数をx人とすると
7：6＝x：30
x＝35　答え 35人

ポイント！
求める数量をx《エックス》として，比を使った式に表して求めます。

解き方

1 ② x＝6×9＝54

29 比⑤ 比の利用②

P60・61

1 ① $\frac{7}{4}$

② $100\times\frac{7}{4}=175$　答え 175mL

2 $90\times\frac{8}{9}=80$　答え 80cm

3 $14\times\frac{5}{2}=35$　　答え　35個

4 $200\times\frac{3}{10}=60$　　答え　60g

5 $42\times\frac{8}{7}=48$　　答え　48枚

6 $324\times\frac{2}{9}=72$　　答え　72冊

7 $135\times\frac{14}{15}=126$　　答え　126人

ポイント!

比の一方の数量は，比のもう一方の量を１とみて求めることもできます。

解き方

2 青のリボンの長さを１とみると，赤のリボンの長さは$\frac{8}{9}$にあたるので，90cm(青のリボンの長さ)に$\frac{8}{9}$をかけて求めます。

3 りんごの個数を１とみると，みかんの個数は$\frac{5}{2}$にあたります。

4 水の重さを１とみると，砂糖《さとう》の重さは$\frac{3}{10}$にあたります。

5 青の色紙の枚数《まいすう》を１とみると，緑の色紙の枚数《まいすう》は$\frac{8}{7}$にあたります。

6 物語の本の数を１とみると，科学の本の数は$\frac{2}{9}$にあたります。

7 5年生の人数を１とみると，6年生の人数は$\frac{14}{15}$にあたります。

30　比⑥　比の利用③　P62·63

1 ① 5：9

② $5:9=x:90$

$x=50$　　答え　50枚

2 (赤い花の本数をx《エックス》本とすると)

$6:13=x:52$

$x=24$　　答え　24本

3 ① $\frac{5}{8}$

② $96\times\frac{5}{8}=60$　　答え　60cm

4 はるかさんがもらう金額をx円とすると

$4:7=x:1400$

$x=800$

$\left(1400\times\frac{4}{7}=800\right)$

答え　800円

5 食塩の重さをxgとすると

$1:10=x:300$

$x=30$

$\left(300\times\frac{1}{10}=30\right)$

答え　30g

6 赤の色紙の枚数をx枚とすると

$5:7=x:224$

$x=160$

$\left(224\times\frac{5}{7}=160\right)$

答え　160枚

ポイント!

2通りの求め方があります。部分と全体の等しい比をつくったり，比の全体の量を１とみたりして求めます。

解き方

2 赤い花の本数を6，白い花の本数を7とすると，全体の本数は，6+7=13と表せます。

3 ①
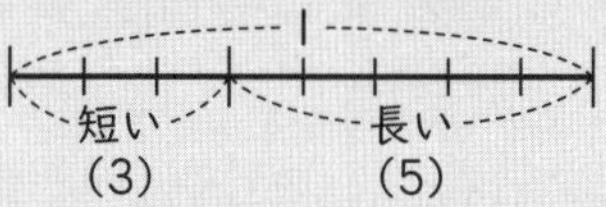

② 全体の長さの96cmに，①の$\frac{5}{8}$をかけて求めます。

31　比⑦　比の利用④　P64·65

1 牛乳の量をxmLとすると

$4:7=x:350$，$x=200$

$350-200=150$

$\left(350\times\frac{4}{7}=200,\ 350\times\frac{3}{7}=150\right)$

答え　牛乳《ぎゅうにゅう》…200mL，紅茶《こうちゃ》…150mL

2 大人の人数をx人とすると

$7:15=x:165$, $x=77$

$165-77=88$

$\left(165\times\frac{7}{15}=77, \ 165\times\frac{8}{15}=88\right)$

答え 大人…77人，子ども…88人

3 かほさんがもらう個数をx個とすると

$5:9=x:36$, $x=20$

$36-20=16$

$\left(36\times\frac{5}{9}=20, \ 36\times\frac{4}{9}=16\right)$

答え かほ…20個，れん…16個

4 青色のペンキの体積をxLとすると

$3:5=x:20$, $x=12$

$20-12=8$

$\left(20\times\frac{3}{5}=12, \ 20\times\frac{2}{5}=8\right)$

答え 青色…12L，黄色…8L

5 AのびんにxmL入れるとすると

$8:13=x:650$, $x=400$

$650-400=250$

$\left(650\times\frac{8}{13}=400, \ 650\times\frac{5}{13}=250\right)$

答え A《エー》…400mL，B《ビー》…250mL

6 砂糖の量をxgとすると

$2:11=x:275$, $x=50$

$275-50=225$

$\left(275\times\frac{2}{11}=50, \ 275\times\frac{9}{11}=225\right)$

答え 砂糖《さとう》…50g，水…225g

7 りょうたさんが出す金額をx円とすると

$7:12=x:3480$, $x=2030$

$3480-2030=1450$

$\left(3480\times\frac{7}{12}=2030, 3480\times\frac{5}{12}=1450\right)$

答え りょうた…2030円，妹…1450円

ポイント!

部分と全体の等しい比をつくって求める場合，どちらか一方の量を求めれば，もう一方の量は，全体の量からひいて求められます。

解き方

2 大人の人数を7，子どもの人数を8とすると，全体の人数は，7+8=15と表せます。

32 比例と反比例①
比例

P66・67

1 ① ア 2　イ 3

ウ $\frac{1}{2}$　エ $\frac{1}{3}$

② 2から4…2倍

2から6…3倍

③ 比例します。

2 ①

長さ x《エックス》(m)	1	2	3	4	5	6
重さ y《ワイ》(kg)	2	4	6	8	10	12

② 2倍，3倍，…になる。

③ $\frac{1}{2}$倍，$\frac{1}{3}$倍，…になる。

3 ①

時　間 x《エックス》(分)	1	2	3	4	5	6
水の量 y《ワイ》(L)	5	10	15	20	25	30

○

②

縦《たて》の長さ x《エックス》(cm)	1	2	3	4	5	6
横の長さ y《ワイ》(cm)	12	6	4	3	2.4	2

×

③

姉の年れい x《エックス》(才)	11	12	13	14	15	16
弟の年れい y《ワイ》(才)	6	7	8	9	10	11

×

④

時間 x《エックス》(時間)	1	2	3	4	5	6
道のり y《ワイ》(km)	45	90	135	180	225	270

○

ポイント!

x《エックス》の値《あたい》が2倍, 3倍, …になると, それにともなってy《ワイ》の値《あたい》も2倍，3倍，…になるとき，y《ワイ》はx《エックス》に比例するといいます。

解き方

1 ③ x《エックス》の値《あたい》が□倍になると，y《ワイ》の値《あたい》も□倍になるので，y《ワイ》はx《エックス》に比例します。

2 x《エックス》の値《あたい》が2倍，3倍，…になると，y《ワイ》の値《あたい》も2倍，3倍，…になるので，重さは長さに比例します。

3 ①④ x《エックス》の値《あたい》が2倍，3倍，…になると，y《ワイ》の値《あたい》も2倍，3倍，…になります。

② x《エックス》の値《あたい》が2倍，3倍，…になると，y《ワイ》の値《あたい》は$\frac{1}{2}$倍，$\frac{1}{3}$倍，…になります(反比例の関係)。

33 比例と反比例②
比例の式

P68・69

1 ① 比例します。

②

時　間 x《エックス》(分)	1	2	3	4	5	6
水の量 y《ワイ》(L)	6	12	18	24	30	36
y《ワイ》をx《エックス》でわった商	6	6	6	6	6	6

③ $y=$ 6 $\times x$

④ $y=6\times10$，$y=60$　　答え　60L

2 ① $y=$ 2 $\times x$

② $y=$ 15 $\times x$

③ $y=$ 9 $\times x$

3 ①

横の長さ x《エックス》(cm)	1	2	3	4	5	6
面　積 y《ワイ》(cm^2)	7	14	21	28	35	42

② $y=7\times x$

③ $y=7\times12$，$y=84$　　答え　$84cm^2$

④ $105=7\times x$，$x=105\div7$，$x=15$

答え　15cm

ポイント!

y《ワイ》がx《エックス》に比例するとき，x《エックス》とy《ワイ》の関係は，「y=きまった数×x」の式で表すことができます。きまった数は，x《エックス》の値《あたい》が1のときのy《ワイ》の値《あたい》になります。

解き方

1 ② y《ワイ》がx《エックス》に比例するとき，$y\div x$の商は，いつもきまった数になります。

③ ②で求めた値《あたい》を使って，「y=きまった数×x」の式に表します。

④ $y=6\times x$のx《エックス》に10をあてはめて求めます。

2 $y\div x$の商が，きまった数になります。x《エックス》の値《あたい》が1のときのy《ワイ》の値《あたい》($y\div1=y$)と考えるとよいです。

3 ② きまった数は7になります。

③ ②の式を使って，$x=12$のときのy《ワイ》の値《あたい》を求めます。

④ $y=105$となるときのx《エックス》の値《あたい》を求めます。

34 比例と反比例③
比例のグラフ①

P70・71

1 ①　水を入れる時間とたまる水の量

時間 x《エックス》(分)	0	1	2	3	4	5	6	7	8	9
水の量 y《ワイ》(L)	0	5	10	15	20	25	30	35	40	45

② $y=5\times x$

③④

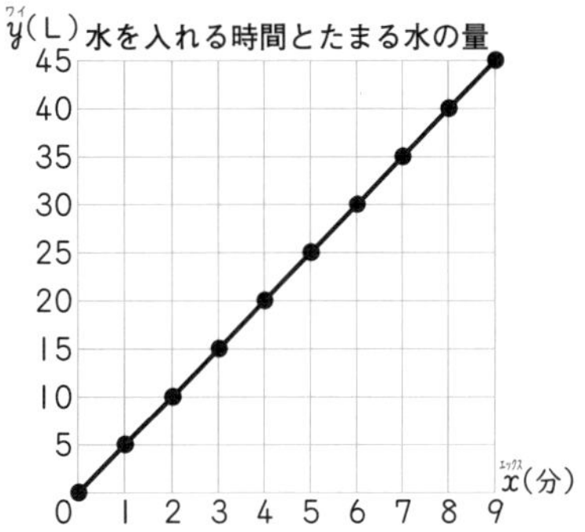

⑤ 直線に並んでいる。

2 ①　走った時間と道のり

時間 x《エックス》(時間)	1	2	3	4	5	6
道のり y《ワイ》(km)	40	80	120	160	200	240

② $y=40\times x$

③

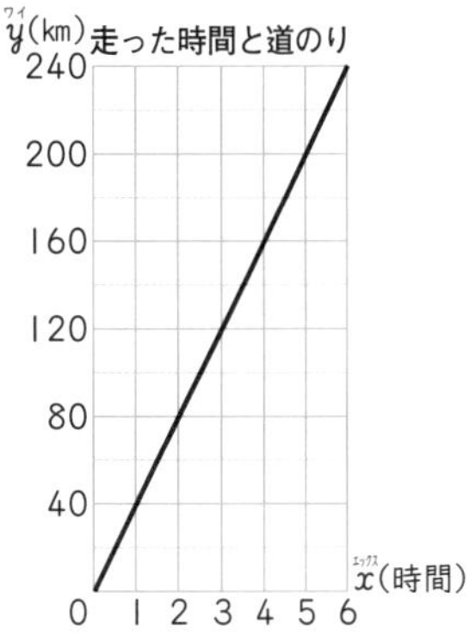

3 ①　針金《はりがね》の長さと重さ

長さ x《エックス》(m)	1	2	3	4	5	6	7
重さ y《ワイ》(g)	15	30	45	60	75	90	105

② $y=15\times x$

③

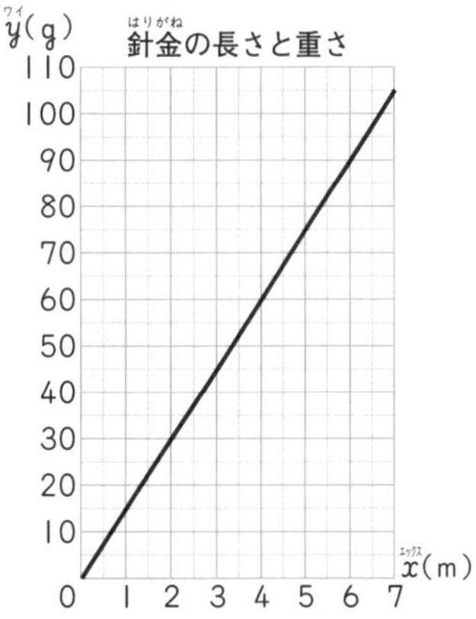

ポイント!

比例する2つの数量の関係を表すグラフは，0の点を通る直線になります。

解き方

1 ④⑤ y《ワイ》がx《エックス》に比例するとき，グラフにx《エックス》とy《ワイ》の値《あたい》の組を表す点をとって結ぶと，直線になります。

2 ③ x《エックス》とy《ワイ》の値《あたい》の組を表す点(例えば，$x=1$，$y=40$の点)を1つとり，それと0の点を通る直線をかきます。

35 比例と反比例④
比例のグラフ②
P72·73

1
① 比例します。
② 28cm
③ 5分間
④ 4cm
⑤ $y=4\times x$

2
① 比例します。
② 7時間
③ 175km
④ 時速50km
⑤ $y=50\times x$

3
① 比例します。
② 120g
③ 6m
④ 30g
⑤ $y=30\times x$

解き方

1 ① グラフが0の点を通る直線になっているので，y《ワイ》はx《エックス》に比例します。
② x《エックス》の値《あたい》が7のときのy《ワイ》の値《あたい》を読み取ります。
③ y《ワイ》の値《あたい》が20のときのx《エックス》の値《あたい》を読み取ります。
④ x《エックス》の値《あたい》が1のときのy《ワイ》の値《あたい》を読み取ります。
⑤ x《エックス》の値《あたい》が1のときのy《ワイ》の値《あたい》がきまった数になります。

2 ③ 3時間30分=3.5時間なので，x《エックス》の値《あたい》が3.5のときのy《ワイ》の値《あたい》を読み取ります。
④ 時速は1時間あたりに進む道のりのことなので，x《エックス》の値《あたい》が1のときのy《ワイ》の値《あたい》を読み取ります。

3 ④ 針金《はりがね》が2mのときの重さは，グラフから60gと読み取れます。針金《はりがね》の重さは長さに比例するので，長さが$\frac{1}{2}$倍になると，重さも$\frac{1}{2}$倍になります。
$60\times\frac{1}{2}=30$(g)

36 比例と反比例⑤
比例の利用①
P74·75

1
① $300\div10=30$　答え 30
② 30
③ $68\times30=2040$　答え 2040g

2 $15\div3=5$，$42\times5=210$　答え 210g

3 $10\div50=\frac{1}{5}$，$120\times\frac{1}{5}=24$
〔$120\div50=2.4$，$10\times2.4=24$〕
答え 24g

4 $200\div800=\frac{1}{4}$，$320\times\frac{1}{4}=80$
〔$320\div800=0.4$，$200\times0.4=80$〕
答え 80円

5 $300\div5=60$，$960\div60=16$
〔$960\div300=3.2$，$5\times3.2=16$〕
答え 16分

6 $560\div8=70$，$910\div70=13$
〔$910\div560=\frac{13}{8}$，$8\times\frac{13}{8}=13$〕
答え 13本

解き方

1 ③ 画用紙の枚数《まいすう》が30倍になるので，重さも68gの30倍になります。

2 針金《はりがね》の長さが$15\div3=5$で，5倍になるので，重さも42gの5倍になります。

3 くぎの本数が$10\div50=\frac{1}{5}$で，$\frac{1}{5}$倍になるので，重さも120gの$\frac{1}{5}$倍になります。

4 砂糖《さとう》の重さが$200\div800=\frac{1}{4}$で，$\frac{1}{4}$倍になるので，代金も320円の$\frac{1}{4}$倍になります。

5 $300\div5=60$で，分速60mなので，$960\div60$でかかる時間を求めます。

6 えん筆1本あたりの値段《ねだん》が$560\div8=70$で，70円なので，$910\div70$で何本買えるかを求めます。

37 比例と反比例⑥
比例の利用②
P76・77

1 ① $y=4\times x$

②
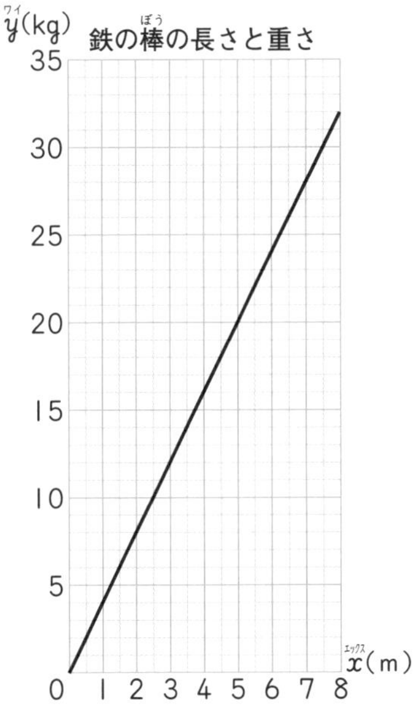

③ 22kg

④ 4.5m

2 ① $y=80\times x$

②
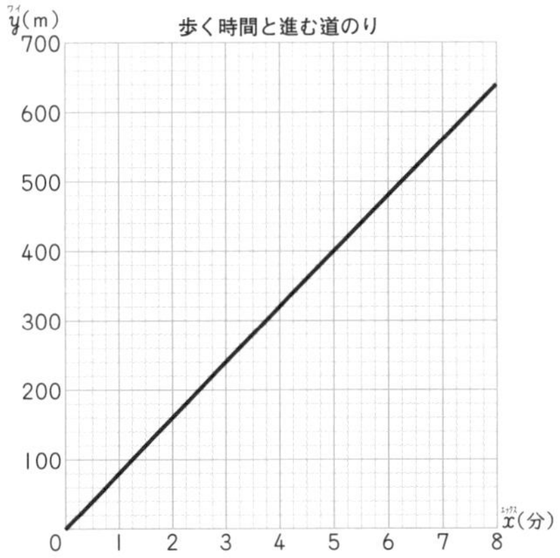

③ (1) 560m　　(2) 360m

④ (1) 2分30秒　　(2) 6分30秒

解き方

1 ③④ ②でかいたグラフから読み取ることができます。

2 ③ (2) 4分30秒＝4.5分なので，x《エックス》の値《あたい》が4.5のときのy《ワイ》の値《あたい》を読み取ります。

④ (1) 200mのときの時間は2.5分と読み取れるので，2分30秒となります。

(2) 520mのときの時間は6.5分と読み取れるので，6分30秒となります。

38 比例と反比例⑦
比例の利用③
P78・79

1 ① Aさん

② A《エー》さん…1000m

B《ビー》さん…750m

③ 250m

④ 500m

2 ① 自動車…時速48km

オートバイ…時速30km

② 12km

③ 15分

④ 45分

解き方

1 ① A《エー》さんのグラフのほうがかたむきが大きい（同じ時間で進む道のりが大きい）ので，A《エー》さんのほうが速いといえます。

③ ②より，1000−750＝250(m)

④ A《エー》さんもB《ビー》さんも道のりは時間に比例するので，2人の道のりの差も時間に比例するといえます。出発してから10分後には，出発してから5分後の2人の差の2倍になると考えられるので，250×2＝500(m)

2 ① それぞれの1時間(60分)あたりに進んだ道のりを，グラフから読み取ります。

② 出発してから40分後に，自動車は32km，オートバイは20km進んでいるので，

32−20＝12(km)

③ 20kmの地点を通過するのは，自動車は25分後，オートバイは40分後なので，

40−25＝15(分)

④ 自動車もオートバイも時間と道のりは比例の関係なので，2台の時間の差も道のりに比例するといえます。60kmの地点を通過するまでの時間の差は，20kmの地点を通過するまでの時間の差の3倍になると考えられるので，

15×3＝45(分)

39 比例と反比例⑧
反比例①
P80・81

1 ① ア $\frac{1}{2}$　　イ $\frac{1}{3}$

ウ $\frac{1}{4}$　　エ $\frac{1}{2}$

② 2から4…$\frac{1}{2}$倍

2から6…$\frac{1}{3}$倍

③ 反比例します。

2 ① ○
② ×
③ ×
④ ×
⑤ ○

ポイント!

x《エックス》の値《あたい》が2倍, 3倍, …になると, それにともなってy《ワイ》の値《あたい》が$\frac{1}{2}$倍, $\frac{1}{3}$倍, …になるとき, y《ワイ》はx《エックス》に反比例するといいます。

解き方

1 ③ x《エックス》の値《あたい》が□倍になると，y《ワイ》の値《あたい》は$\frac{1}{□}$倍になるので，y《ワイ》はx《エックス》に反比例します。

2 ①⑤ x《エックス》の値《あたい》が2倍，3倍，…になると，y《ワイ》の値《あたい》が$\frac{1}{2}$倍，$\frac{1}{3}$倍，…になるので，反比例の関係です。

② x《エックス》の値《あたい》が2倍，3倍，…になると，y《ワイ》の値《あたい》も2倍，3倍，…になるので，比例の関係です。

40 比例と反比例⑨
反比例②
P82・83

1 ①

水の量 x《エックス》(L)	1	2	3	4	5	6
時間 y《ワイ》(分)	12	6	4	3	2.4	2

②

底辺の長さ x《エックス》(cm)	1	2	3	4	5	6
高さ y《ワイ》(cm)	36	18	12	9	7.2	6

③

本数 x《エックス》(本)	1	2	3	4	5	6
1本の長さ y《ワイ》(cm)	40	20	$\frac{40}{3}$	10	8	$\frac{20}{3}$

2 ①

時速 x《エックス》(km)	10	20	30	40	50	60
時間 y《ワイ》(時間)	6	3	2	1.5	1.2	1

② $\frac{1}{2}$倍，$\frac{1}{3}$倍，…になる。

③ 反比例します。

3 ①

縦《たて》の長さ x《エックス》(cm)	1	2	3	4	5	6
横の長さ y《ワイ》(cm)	24	12	8	6	4.8	4

○

②

1辺の長さ x《エックス》(cm)	1	2	3	4	5	6
まわりの長さ y《ワイ》(cm)	3	6	9	12	15	18

×

③

人数 x《エックス》(人)	1	2	3	4	5	6
1人分の量 y《ワイ》(dL)	18	9	6	4.5	3.6	3

○

④

時間 x《エックス》(分)	1	2	3	4	5	6
道のり y《ワイ》(m)	70	140	210	280	350	420

×

ポイント!

y《ワイ》がx《エックス》に反比例するとき，x《エックス》の値《あたい》が2倍，3倍，…になると，それにともなってy《ワイ》の値《あたい》は$\frac{1}{2}$倍，$\frac{1}{3}$倍，…になります。

解き方

2 ②③ x《エックス》の値《あたい》が2倍，3倍，…になると，y《ワイ》の値《あたい》が$\frac{1}{2}$倍，$\frac{1}{3}$倍，…になるので，時間は速さに反比例します。

3 ①③ x《エックス》の値《あたい》が2倍，3倍，…になると，y《ワイ》の値《あたい》は$\frac{1}{2}$倍，$\frac{1}{3}$倍，…になります。

②④ x《エックス》の値《あたい》が2倍，3倍，…になると，y《ワイ》の値《あたい》も2倍，3倍，…になるので，比例の関係です。

41 比例と反比例⑩
反比例の式①
P84・85

1 ①

底辺の長さ x《エックス》(cm)	1	2	3	4	5	6
高さ y《ワイ》(cm)	6	3	2	1.5	1.2	1

② 反比例します。

③ 6

④ $y=$ 6 $\div x$

2 ① $y=$ 18 $\div x$

② $y=$ 30 $\div x$

③ $y=$ 48 $\div x$

3 ①

水の量 x《エックス》(L)	1	2	3	4	5	6
時間 y《ワイ》(分)	42	21	14	10.5	8.4	7

② $\frac{1}{2}$倍，$\frac{1}{3}$倍，…になる。

③ 2倍，3倍，…になる。

④ $y=42\div x$

ポイント!

y《ワイ》がx《エックス》に反比例するとき，x《エックス》とy《ワイ》の関係は，「y=きまった数÷x」の式で表すことができます。きまった数は，x《エックス》の値《あたい》が1のときのy《ワイ》の値《あたい》になります。

解き方

1 ③ y《ワイ》がx《エックス》に反比例するとき，$x \times y$の積は，いつもきまった数になります。
④ ③で求めた値《あたい》を使って，「y=きまった数÷x」の式に表します。

2 $x \times y$の積が，きまった数になります。x《エックス》の値《あたい》が1のときのy《ワイ》の値《あたい》($1 \times y = y$)と考えるとよいです。

3 ④ きまった数は42になります。

42 比例と反比例⑪ 反比例の式②

P86・87

1 ①

縦《たて》の長さ x《エックス》(cm)	1	2	3	4	5	6
横の長さ y《ワイ》(cm)	30	15	10	7.5	6	5

② $y=30 \div x$
③ (1) $y=30 \div 10$，$y=3$ 答え 3cm
(2) $y=30 \div 2.5$，$y=12$ 答え 12cm

2 ① $y=72 \div x$
② ア 36 イ 4.5
ウ 12 エ 15

3 ①

時速 x《エックス》(km)	10	20	30	40	50	60
時間 y《ワイ》(時間)	6	3	2	1.5	1.2	1

② A市からB市までの道のり
③ $y=60 \div x$
④ $y=60 \div 15$，$y=4$ 答え 4時間
⑤ $2.5=60 \div x$，$x=60 \div 2.5$，$x=24$
答え 時速24km

解き方

1 ③ ②の式を使って，$x=10$，$x=2.5$のときのy《ワイ》の値《あたい》を，それぞれ求めます。

2 ① きまった数は$8 \times 9=72$で，72になります。
② ア $y=72 \div 2$，$y=36$
イ $16=72 \div x$，$x=4.5$
ウ $y=72 \div 6$，$y=12$
エ $4.8=72 \div x$，$x=15$

3 ② 速さ×時間=道のり です。
③ きまった数は$10 \times 6=60$で，60になります。
④ $x=15$のときのy《ワイ》の値《あたい》を求めます。
⑤ $y=2.5$となるときのx《エックス》の値《あたい》を求めます。

43 比例と反比例⑫ 反比例のグラフ

P88・89

1

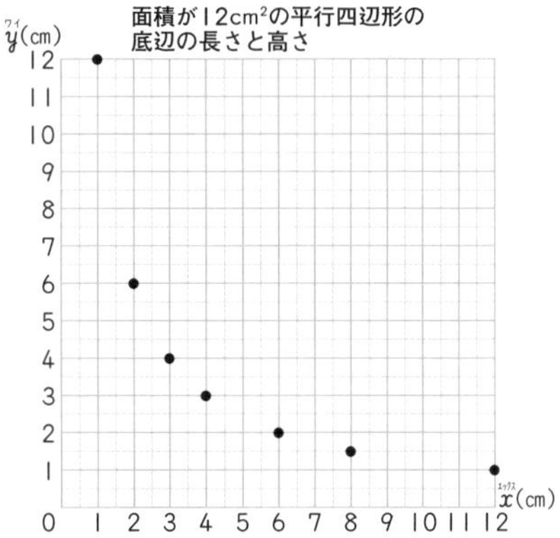

2

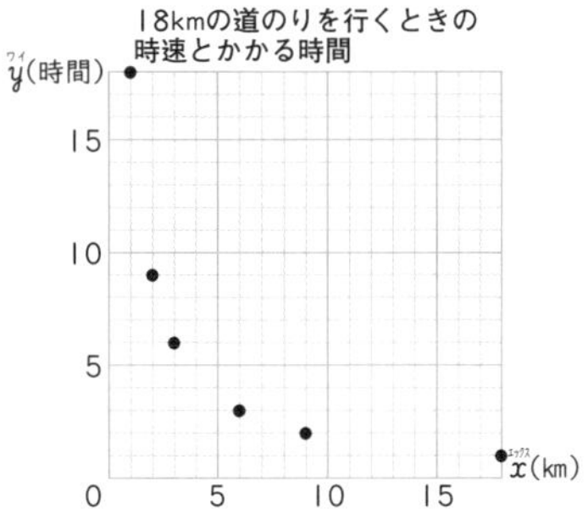

3

水の量 x《エックス》(L)	1	2	3	4	6	8	12	16	24
時　間 y《ワイ》(分)	24	12	8	6	4	3	2	1.5	1

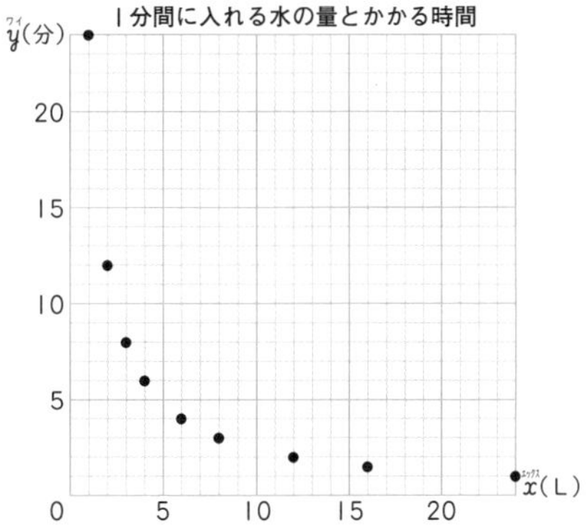

ポイント!

反比例のグラフは，x《エックス》とy《ワイ》の値《あたい》の組を表す点をとって表します。

44 比例と反比例⑬ 反比例の利用 P90・91

1 ① 6×10＝60 答え 60cm²
② 60÷12＝5 答え 5cm
③ 60÷20＝3 答え 3cm

2 12×3＝36，36÷36＝1 答え 1時間

3 6×15＝90，90÷9＝10 答え 10L

4 65×20＝1300，1300÷100＝13
答え 13分

5 ① x《エックス》の値《あたい》…10，y《ワイ》の値《あたい》…3
② 反比例します。
③ (例)4×7.5＝30 答え 30

解き方

1 ② 長方形の面積÷縦《たて》の長さ＝横の長さ です。
③ 長方形の面積÷横の長さ＝縦《たて》の長さ です。

2 A《エー》市からB《ビー》市までの道のりは12×3＝36で，36kmなので，時速36kmでは1時間かかります。

3 この水そうにいっぱいに入る水の量は6×15＝90で，90Lなので，9分でいっぱいにするときの1分間に入れる水の量は，90÷9で求めます。

4 家から図書館までの道のりは65×20＝1300で，1300mなので，分速100mで行くときの時間は，1300÷100で求めます。

5 ③ x《エックス》の値《あたい》が1のときのy《ワイ》の値《あたい》はきまった数なので，点A《エー》のx《エックス》の値《あたい》とy《ワイ》の値《あたい》をかけて求めることができます。

45 比例と反比例⑭ 比例と反比例① P92・93

1 ① 比例する。
理由…(例)(x《エックス》の値《あたい》が2倍，3倍，…になると，それにともなって，)yの値も2倍，3倍，…になるから。
② 反比例する。
理由…(例)xの値が2倍，3倍，…になると，それにともなって，yの値が$\frac{1}{2}$倍，$\frac{1}{3}$倍，…になるから。

2 ① △，y＝18÷x
② ○，y＝4×x
③ ×
④ △，y＝600÷x

3 ウ

解き方

2 ①④ y《ワイ》はx《エックス》に反比例するので，x《エックス》とy《ワイ》の関係は，「y＝きまった数÷x」の式で表します。
② y《ワイ》はx《エックス》に比例するので，x《エックス》とy《ワイ》の関係は，「y＝きまった数×x」の式で表します。

3 0の点を通る直線のグラフを選びます。

46 比例と反比例⑮ 比例と反比例② P94・95

1 ①

底辺の長さ x《エックス》(cm)	1	2	3	4	5	6
高さ y《ワイ》(cm)	36	18	12	9	7.2	6

② 反比例します。
③ y＝36÷x
④ y＝36÷10，y＝3.6 答え 3.6cm
⑤ 4.5＝36÷x，x＝36÷4.5，x＝8
答え 8cm

2 ①

時間 x《エックス》(時間)	1	2	3	4	5	6
道のり y《ワイ》(km)	80	160	240	320	400	480

② 比例します。
③ y＝80×x
④
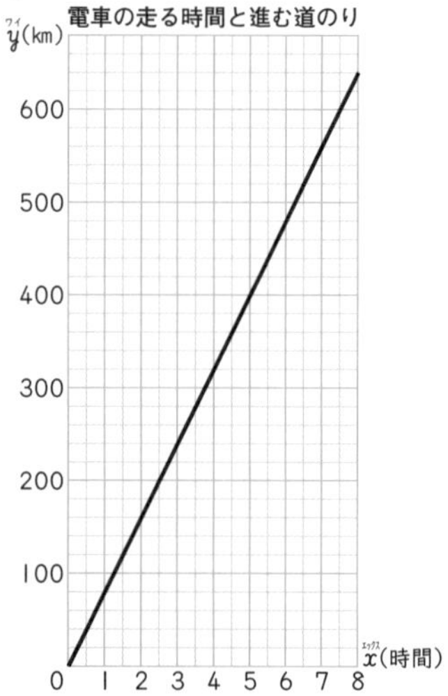

⑤ 7時間30分
⑥ (1) 200km
(2) 200÷4＝50 答え 時速50km

解き方

1 ④ ③の式のx《エックス》に10をあてはめて求めます。
⑤ ③の式のy《ワイ》に4.5をあてはめて求めます。

2 ⑤ y《ワイ》の値《あたい》が600のときのx《エックス》の値《あたい》を読み取ります。または，式を使って求めることもできます。
$600=80\times x$，$x=600\div 80$，$x=7.5$
⑥ (1) グラフより，2.5時間で進む道のりは200kmです。
(2) 速さ＝道のり÷時間　です。

47 比例と反比例⑯
比例と反比例③

P96・97

1 ① 比例します。
② $150\div 20=7.5$，$84\times 7.5=630$
〔$84\div 20=4.2$，$4.2\times 150=630$〕
答え　630g

2 ① 反比例します。
② $18\times 10=180$，$180\div 20=9$
答え　9cm

3 $5\div 3=\frac{5}{3}$，$210\times\frac{5}{3}=350$
〔$210\div 3=70$，$70\times 5=350$〕
答え　350km

4 $640\div 4=160$，$1440\div 160=9$
〔$1440\div 640=2.25$，$4\times 2.25=9$〕
答え　9本

5 $80\times 15=1200$，$1200\div 25=48$
答え　分速48m

6 $12\times 14=168$，$168\div 6=28$　答え　28L

7 比例…イ，ウ
反比例…ア

解き方

1 ② くぎの重さは本数に比例するので，150本が20本の□倍ならば，重さも84gの□倍になります。

2 ② 平行四辺形の面積がわかれば，底辺の長さの20cmを使って高さを求めることができます。

3 電車が走った道のりは，時間に比例します。時間が$5\div 3=\frac{5}{3}$で，$\frac{5}{3}$倍になるので，道のりも210kmの$\frac{5}{3}$倍になります。

4 ボールペン1本あたりの値段《ねだん》が$640\div 4=160$で，160円なので，$1440\div 160$で何本買えるかを求めます。

5 同じ道のりを行くとき，かかる時間は速さに反比例します。道のりは$80\times 15=1200$(m)です。

6 この水そうにいっぱいに入る水の量は$12\times 14=168$で，168Lなので，6分でいっぱいにするときの1分間に入れる水の量は，$168\div 6$で求めます。

7 ア　$y=120\div x$
イ　$y=3\times x$
ウ　$y=10\times x$

48 場合の数①
並べ方①

P98・99

1 ①
あかね ＜ かいと ―（ さくら ）
あかね ＜（ さくら ）―（ かいと ）
②
かいと ＜ あかね ―（ さくら ）
かいと ＜（ さくら ）―（ あかね ）
③
さくら ＜ あかね ―（ かいと ）
さくら ＜（ かいと ）―（ あかね ）

2 A－B－C，A－C－B，B－A－C，
B－C－A，C－A－B，C－B－A

3 赤－青－緑，赤－緑－青，青－赤－緑，
青－緑－赤，緑－赤－青，緑－青－赤

4 あ－か－さ，あ－さ－か，か－あ－さ，
か－さ－あ，さ－あ－か，さ－か－あ

5 1234，1243，1324，1342，
1423，1432，2134，2143，
2314，2341，2413，2431，
3124，3142，3214，3241，
3412，3421，4123，4132，
4213，4231，4312，4321

ポイント！

並《なら》べ方《かた》を調べるときは，図や表に表して順序よく整理すると，落ちや重なりがなく調べることができます。

解き方

1 ① 1番目があかねさんなので，2番目はかいとさんかさくらさんになります。

③
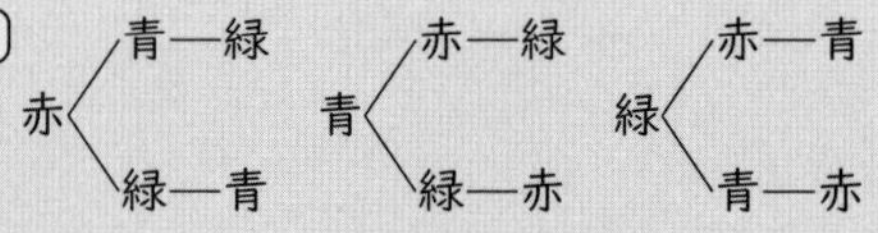

④
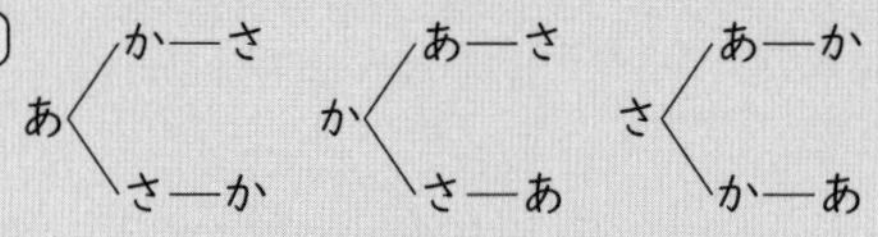

⑤
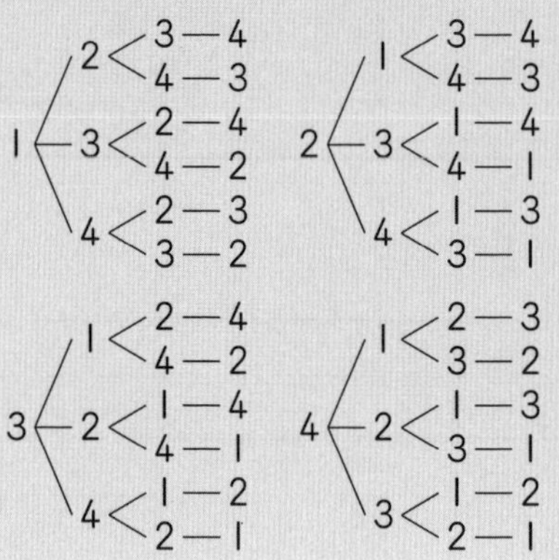

49 場合の数② 並べ方②

P100・101

1 ①

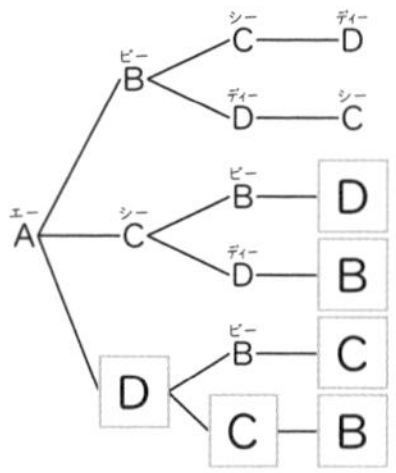

② 6通り
③ 6通り
④ 6通り
⑤ 24通り

2 ①

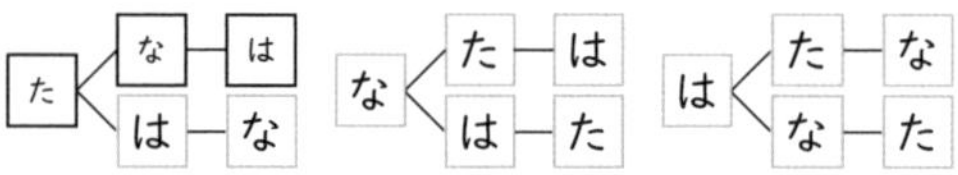

② 6通り

3 ① 赤−緑−黄，赤−黄−緑，緑−赤−黄，緑−黄−赤，黄−赤−緑，黄−緑−赤
② 6通り

4 ① 2468，2486，2648，2684，2846，2864，4268，4286，4628，4682，4826，4862，6248，6284，6428，6482，6824，6842，8246，8264，8426，8462，8624，8642
② 24通り

ポイント!

並《なら》べ方《かた》が全部で何通りあるかを求めるときも，図や表を使って調べます。

解き方

1 ②③④ B《ビー》，C《シー》，D《ディー》が1番目の場合も，それぞれ6通りあります。
⑤ 6+6+6+6=24(通り)

③
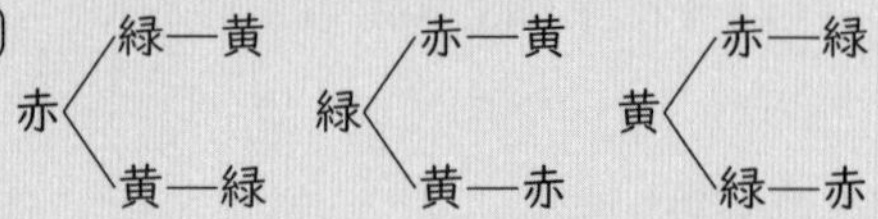

④
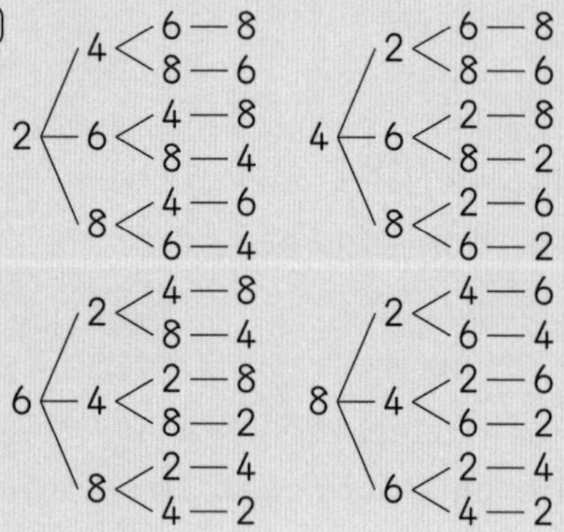

50 場合の数③ 並べ方③

P102・103

1 45，46，54，56，64，65

2 ①

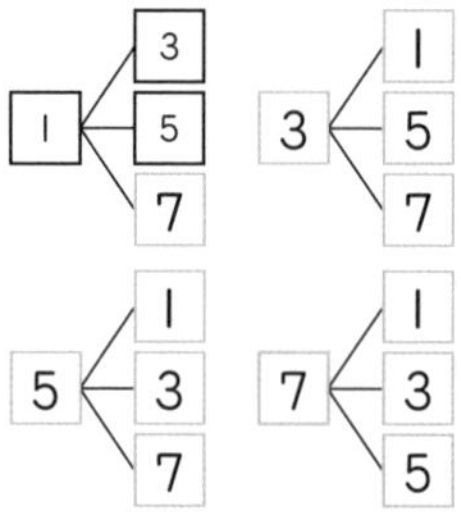

② 13，15，17，31，35，37，51，53，57，71，73，75

3 A−B, A−C, A−D,
B−A, B−C, B−D,
C−A, C−B, C−D,
D−A, D−B, D−C

4 ① 赤−白−黄, 赤−白−緑, 赤−黄−白,
赤−黄−緑, 赤−緑−白, 赤−緑−黄,
白−赤−黄, 白−赤−緑, 白−黄−赤,
白−黄−緑, 白−緑−赤, 白−緑−黄,
黄−赤−白, 黄−赤−緑, 黄−白−赤,
黄−白−緑, 黄−緑−赤, 黄−緑−白,
緑−赤−白, 緑−赤−黄, 緑−白−赤,
緑−白−黄, 緑−黄−赤, 緑−黄−白
② 24通り

5 ① 204, 206, 240, 246, 260, 264,
402, 406, 420, 426, 460, 462,
602, 604, 620, 624, 640, 642
② 18通り

解き方

3
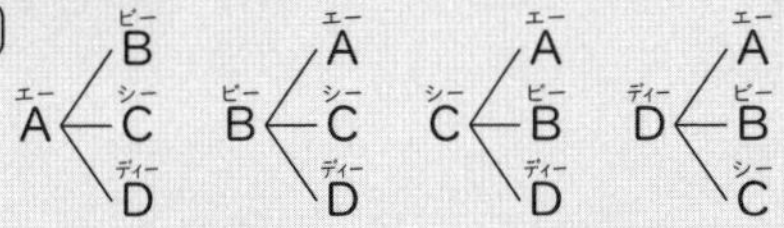

4

5 3けたの整数をつくるので, 百の位に0がくることはありません。
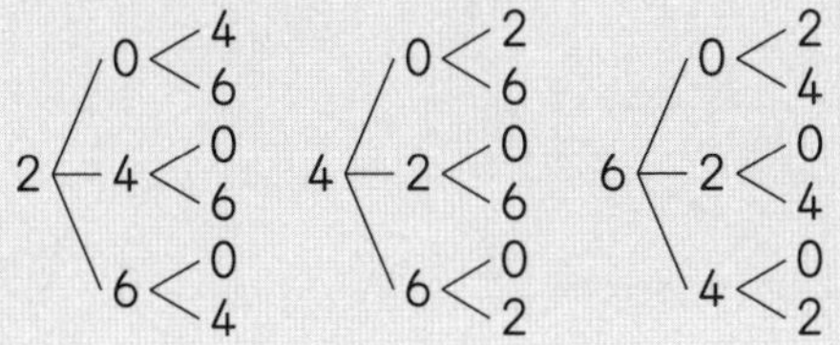

1 あおい−かなた, あおい−さき,
かなた−さき

2 A−B, A−C, A−D,
B−C, B−D, C−D

3 赤−青, 赤−白, 赤−緑,
青−白, 青−緑, 白−緑

4 りんご−みかん, りんご−レモン,
りんご−なし, みかん−レモン,
みかん−なし, レモン−なし

5 A−B, A−C, A−D, A−E, B−C,
B−D, B−E, C−D, C−E, D−E

6 黄−白, 黄−青, 黄−緑, 黄−赤, 白−青,
白−緑, 白−赤, 青−緑, 青−赤, 緑−赤

ポイント!
組み合わせ方は順番を考えないので, A《エー》−B《ビー》と
B《ビー》−A《エー》は同じになることに気をつけます。
A《エー》−B《ビー》をB《ビー》−A《エー》のように答えても正解です。

解き方

4 りんごを『り』, みかんを『み』, レモンを『レ』, なしを『な』として, 図に表します。
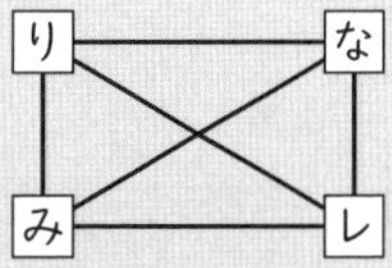

6
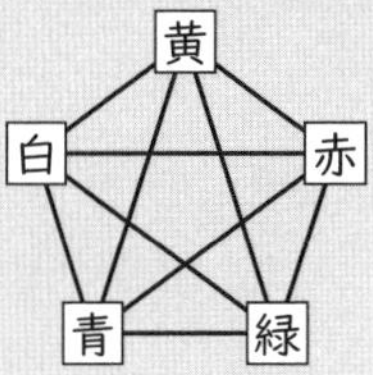

1 ① A−B, A−C, A−D,
B−C, B−D, C−D
② 6通り

2 ①
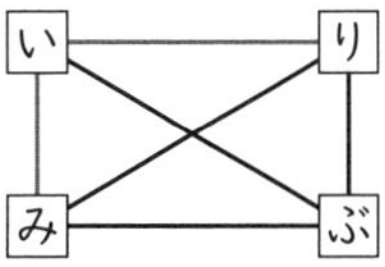

② 6通り

3 10通り

4 ① 赤－黄－緑，赤－黄－青，
赤－緑－青，黄－緑－青
② 4通り

5 5通り

6 10通り

ポイント！

組み合わせ方が全部で何通りあるかを求めるときも，表や図を使って調べます。
A《エー》－B《ビー》－C《シー》をA《エー》－C《シー》－B《ビー》(またはB《ビー》－A《エー》－C《シー》，B《ビー》－C《シー》－A《エー》，C《シー》－A《エー》－B《ビー》，C《シー》－B《ビー》－A《エー》)のように答えても正解です。

解き方

3 ケーキを『ケ』，クッキーを『ク』，ゼリーを『ゼ』，ドーナツを『ド』，チョコレートを『チ』として，図に表します。

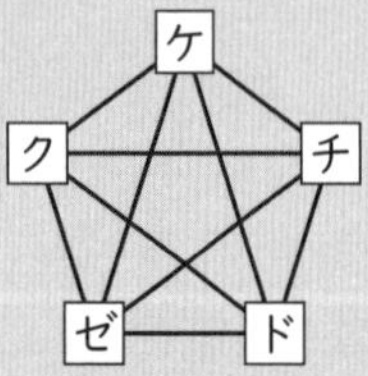

4 ② 赤，黄，緑，青の折り紙を，それぞれ残すことと同じなので，4通りです。

5 残す1本を選ぶことと同じなので，5通りです。

レモン	オレンジ	ぶどう	りんご	もも
○	○	○	○	
○	○	○		○
○	○		○	○
○		○	○	○
	○	○	○	○

6

A《エー》	B《ビー》	C《シー》	D《ディー》	E《イー》
○	○	○		
○	○		○	
○	○			○
○		○	○	
○		○		○
○			○	○
	○	○	○	
	○	○		○
	○		○	○
		○	○	○

53 場合の数⑥ 組み合わせ方③

P108・109

1 ① 5円－10円，5円－50円，10円－50円
② 15円，55円，60円

2 11円，51円，60円，101円，110円，150円

3 160円，560円，610円，650円

4 (1枚)10円，100円
(2枚)20円，110円，200円
(3枚)120円，210円
(4枚)220円

5 3g，6g，7g，11g，12g，15g

6 (1個)5g，10g，20g，50g
(2個)15g，25g，30g，55g，60g，70g
(3個)35g，65g，75g，80g
(4個)85g

解き方

2

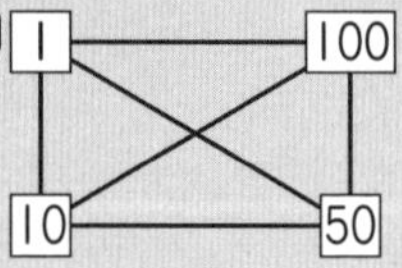

3

10円	50円	100円	500円
○	○	○	
○	○		○
○		○	○
	○	○	○

4 お金の枚数《まいすう》ごとに分けて考えます。
2枚《まい》のとき
10円玉2枚《まい》，10円玉1枚《まい》と100円玉1枚《まい》，
100円玉2枚《まい》
3枚《まい》のとき
10円玉2枚《まい》と100円玉1枚《まい》，
10円玉1枚《まい》と100円玉2枚《まい》

5

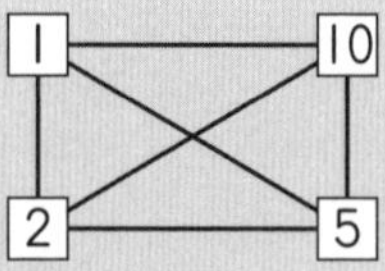

6 分銅の個数ごとに分けて考えます。

2個のとき

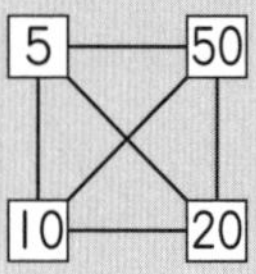

3個のとき

5g	10g	20g	50g
○	○	○	
○	○		○
○		○	○
	○	○	○

54 場合の数⑦
いろいろな場合を考える①
P110・111

1 ①

A《エー》町からB《ビー》町	B《ビー》町からC《シー》町	かかる時間(分)	費用(円)
バス	電車	40	500
バス	バス	50	450
電車	電車	35	550
電車	バス	45	500
モノレール	電車	32	650
モノレール	バス	42	600

② 行き方…モノレールー電車
　時間…32分

③ 行き方…バスーバス
　費用…450円

④ バスー電車

2 ① ふー図ー美ーカーふ
ふー図ーカー美ーふ
ふー美ー図ーカーふ
ふー美ーカー図ーふ
ふーカー図ー美ーふ
ふーカー美ー図ーふ

② ふー図ーカー美ーふ 〔ふー美ーカー図ーふ〕

3 アーイーウーカーケ，アーイーオーカーケ，
アーイーオークーケ，アーエーオーカーケ，
アーエーオークーケ，アーエーキークーケ

解き方

1②③ ①の表をもとに考えます。
④ 40分までで行ける乗り物の組み合わせは，バスー電車，電車ー電車，モノレールー電車で，そのうち500円までですむのは，バスー電車のみです。

2①② ふー図ー美ーカーふ　420m
ふー図ーカー美ーふ　415m
ふー美ー図ーカーふ　435m
ふー美ーカー図ーふ　415m
ふーカー図ー美ーふ　435m
ふーカー美ー図ーふ　420m

3 遠まわりをしないことに気をつけます。
例えば，アーイーウーカと通ったあとに，オへ行くことはありません。6以上の地点を通る場合は遠まわりとなります。

55 場合の数⑧
いろいろな場合を考える②
P112・113

1 ① 表ー表，表ー裏，裏ー表，裏ー裏
② 4通り

2 ①

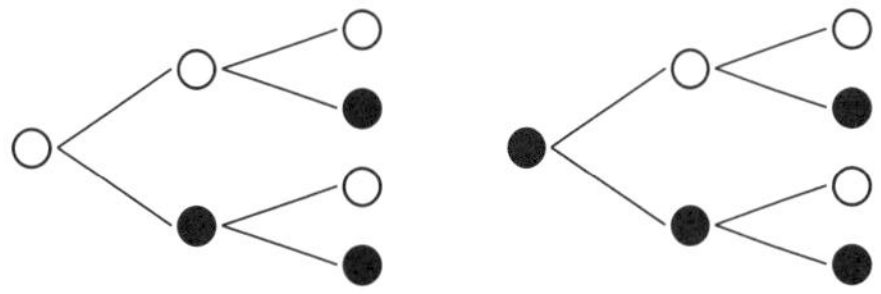

② 表ー表ー表，表ー表ー裏，
表ー裏ー表，表ー裏ー裏，
裏ー表ー表，裏ー表ー裏，
裏ー裏ー表，裏ー裏ー裏

③ 8通り

3 ① グー ー グー，グー ー チョキ，
グー ー パー，チョキ ー グー，
チョキ ー チョキ，チョキ ー パー，
パー ー グー，パー ー チョキ，
パー ー パー

② 3通り

4 ① 12通り
② 24通り

解き方

1

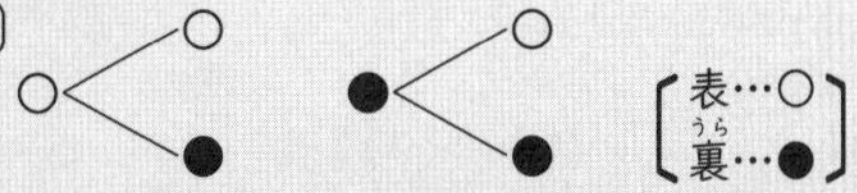

3 グーを『グ』，チョキを『チ』，パーを『パ』として，図に表します。

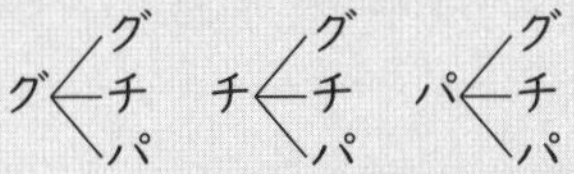

4 ハンバーグを『ハ』，オムライスを『オ』，エビフライを『エ』，サラダを『サ』，スープを『ス』，ケーキを『ケ』，アイスクリームを『ア』として，図に表します。

①

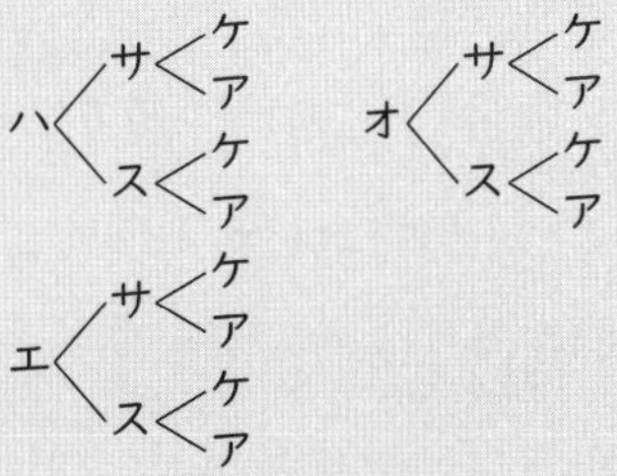

② ①の12通りのそれぞれについて，お茶とジュースの2通りの選び方が増えるので，24通りです。

56 場合の数⑨
いろいろな場合を考える③
P114・115

1
① 6人
② 9人
③ 21人
④ 19人

2
① (30+24)−38=16　答え　16人
② ノート…14人
えん筆…8人
③ (1) 2×14+1×16=44　答え　44冊
(2) 2×8+1×16=32　答え　32本
④ 140×44+80×32=8720
答え　8720円

解き方

1① 犬を飼っている12人から，両方飼っている6人をひくと，犬だけを飼っている人の数が求められます。
12−6=6(人)
② ネコを飼っている15人から，両方飼っている6人をひくと，ネコだけを飼っている人の数が求められます。
15−6=9(人)
③ 犬だけを飼っている人，ネコだけを飼っている人，両方を飼っている人の数をたして求めます。
6+9+6=21(人)
④ 犬もネコも飼っていない人の数は，全部の人数から③の数をひいて求めます。
40−21=19(人)

2① ノートがほしい人30人と，えん筆がほしい人24人の重なった部分が両方ほしい人なので，(30+24)からクラスの人数(38)をひくと，両方ほしい人の数が求められます。
② ノートがほしい人30人と，えん筆がほしい人24人から，それぞれ①で求めた両方ほしい人16人をひいて求めます。
ノート…30−16=14(人)
えん筆…24−16=8(人)
③ ①，②より，ノートだけがほしい人は14人，えん筆だけがほしい人は8人，両方がほしい人は16人です。
④ ③で求めた冊数《さっすう》と本数を使って求めます。

57 表を使って考える①
整理した表で考える①
P116・117

1
①

8枚《まい》入りのふくろ	ふくろの数	1	2	3	4	5	6
	クッキーの数	8	16	24	32	40	48
残りのクッキーの数		47	39	31	23	15	7
3枚《まい》入りのふくろの数		×	13	×	×	5	×

② 8枚《まい》入り…5ふくろ
3枚《まい》入り…5ふくろ

2
①

4冊《さつ》のセット	セットの数	1	2	3	4	5	6	7	8
	ノートの数	4	8	12	16	20	24	28	32
残りのノートの数		30	26	22	18	14	10	6	2
3冊《さつ》のセットの数		10	×	×	6	×	×	2	×

② 4冊《さつ》…7セット
3冊《さつ》…2セット

3
① 11枚
②

縦《たて》 (m)	1	2	3	4	5	6	7
横 (m)	13	11	9	7	5	3	1
面積 (m^2)	13	22	27	28	25	18	7

③ 縦《たて》…4枚
横…7枚

解き方

1② ①の表から求めます。
8枚《まい》入りを5ふくろ，3枚《まい》入りを5ふくろにした場合，合計は10ふくろで，いちばん少なくなります。

2② ①の表から求めます。
4冊《さつ》のセットを7セット，3冊《さつ》のセットを2セットにした場合，合計は9セットで，いちばん少なくなります。

3① 縦《たて》は2か所あることに気をつけます。
15−2×2=11(枚《まい》)
③ ②の表から求めます。
縦《たて》を4枚《まい》，横を7枚《まい》にした場合，面積は28m^2で，いちばん大きくなります。

58 表を使って考える②
整理した表で考える②
P118・119

1
① ア　11　　イ　10
ウ　890　　エ　940
② 50円増える。
③ 1040−840=200
200÷50=4　答え　4本
④ 8本

2 ① 60円増える。

② 3000−2400=600

600÷60=10

30−10=20

答え りんご…10個，みかん…20個

3 1180−60×15=280

280÷(100−60)=7

15−7=8

答え 100円…7個，60円…8個

解き方

1 ① ウ　120×1+70×11=890

エ　120×2+70×10=940

② 890−840=50(円)

③ 最初に，合計の代金(1040円)とえん筆12本分の代金(840円)の差を求めます。ボールペンが1本増えると50円増えるので，その差(1040−840)を50でわって，ボールペンの本数を求めます。

④ ③より，ボールペンは4本です。えん筆は，12−4=8(本)です。

2 ① 2460−2400=60(円)

② 最初に，合計の代金(3000円)とみかん30個分の代金(2400円)の差を求めます。りんごが1個増えると60円増えるので，その差(3000−2400)を60でわると，りんごの個数が求められます。

3 60円のチョコレートを15個買ったときの代金は，60×15=900(円)です。
100円のチョコレートが1個増えると，代金は100−60=40で，40円増えます。合計の代金と60円のチョコレートを15個買ったときの代金の差を40でわると，100円のチョコレートの個数が求められます。
この問題を表に表すと，下のようになります。

100円のチョコレート（個）	0	1			
60円のチョコレート（個）	15	14			
代　金　（円）	900	940			1180

59 表を使って考える③
整理した表で考える③

P120・121

1 ① ア　9　　イ　8

ウ　450　　エ　600

② 150円増える。

③ 1200−300=900

900÷150=6

答え 6個

④ オレンジ…16個

レモン…4個

2 ① 260円増える。

② 1360−320=1040

1040÷260=4

8+4=12

16−12=4

答え 150円…12冊，110円…4冊

3 120×15−50×15=1050

1560−1050=510

510÷(120+50)=3

15+3=18

30−18=12

答え ドーナツ…18個，あめ…12個

解き方

1 ① ウ　90×11−60×9=450

エ　90×12−60×8=600

② 450−300=150(円)

③ 代金の差(1200円)から，オレンジとレモンを10個ずつ買ったときの代金の差(300円)をひくと，900円になります。オレンジが1個増えると，代金の差は150円増えるので，900÷150で求めます。

④ ③より，オレンジは10個から6個増えるので，16個です。レモンは，20−16=4(個)です。

2 ① 580−320=260(円)

② 1360円は，150円のノートが8冊《さつ》から4冊《さつ》増えたときの代金の差なので，150円のノートは8+4=12で，12冊《さつ》です。

3 代金の差(1560円)から，ドーナツとあめを15個ずつ買ったときの代金の差(1050円)をひくと，510円になります。ドーナツが1個増えるとあめが1個減るので，代金の差は120+50=170で，170円ずつ増えていきます。
この問題を表に表すと，下のようになります。

ドーナツ（個）	15	16			
あめ　　（個）	15	14			
代金の差（円）	1050	1220			1560

60 表を使って考える④
整理した表で考える④

P122・123

1 ①③

段《だん》の数　x《エックス》(段目《だんめ》)	1	2	3	4	5	6
立方体の数y《ワイ》(個)	1	3	6	10	15	21

+2 +3 +4 +5 +6

② 比例しません。

④ 1

⑤ 1+2+3+……+8+9+10

=(1+ 10)×10÷ 2 = 55

答え　55個

⑥ 1+2+3+……+18+19+20=210

答え　210個

⑦ $(1+x)\times x\div 2=y$

⑧ 2

⑨ 10×(10+ 1)÷ 2 = 55

答え　55個

⑩ $x\times(x+1)\div 2=y$

解き方

1 ② x《エックス》の値《あたい》が2倍，3倍，…になっても，y《ワイ》の値《あたい》は2倍，3倍，…になっていないので，比例していません。

④ ③より，立方体の数の増え方は，2，3，4，…と，1個ずつ増えています。

⑥ 21となる組み合わせ(1と20，2と19，3と18，…，20と1)の20個分を2でわって，求めます。

21×20÷2=210

⑦ ⑤，⑥より，(1+段《だん》の数)×段《だん》の数÷2が，立方体の数となります。

⑩ ⑨より，段《だん》の数×(段《だん》の数+1)÷2が，立方体の数となります。

61 まとめ①
6年のまとめ①

P124・125

1 ① (5+2+3+6+10+3+5+3+2+8+7+4+1+4)÷14=4.5　　答え　4.5冊

② 最頻《さいひん》値《ち》…3冊

中央《ちゅうおう》値《ち》…4冊

2 ① 比例します。

② $y=6\times x$

③ $y=6\times 15$，$y=90$　　答え　90cm^2

3 ① 32

② $\frac{6}{5}$

4 $\frac{16}{5}\div 6=\frac{8}{15}$　　答え　$\frac{8}{15}$倍

5 すの量をxmLとすると

$3:5=x:60$

$x=36$　　答え　36mL

6 60×25=1500，1500÷20=75

答え　分速75m

7 5678，5687，5768，5786，
5867，5876，6578，6587，
6758，6785，6857，6875，
7568，7586，7658，7685，
7856，7865，8567，8576，
8657，8675，8756，8765

解き方

1 ② データを大きさの順に並《なら》べると，1，2，2，3，3，3，4，4，5，5，6，7，8，10(冊《さつ》)となります。

最頻《さいひん》値《ち》は，データの中で最も多く出てくる値《あたい》なので，3冊《さつ》です。

また，データの個数は14(偶数《ぐうすう》)で，中央の2つ(7番目と8番目)の値《あたい》がどちらも4なので，これが中央《ちゅうおう》値《ち》になります。

2 ① x《エックス》の値《あたい》が2倍，3倍，…になると，それにともなってy《ワイ》の値《あたい》も2倍，3倍，…になっているので，比例しています。

② 「y=きまった数×x」の式に表します。

③ ②の式のx《エックス》に15をあてはめて面積を求めます。

3 □をx《エックス》とします。

① $x\times\frac{1}{4}=8$，$x=8\div\frac{1}{4}=32$

② $x\times\frac{3}{4}=\frac{9}{10}$，$x=\frac{9}{10}\div\frac{3}{4}=\frac{6}{5}$

4 比べる量=もとにする量×割合《わりあい》 です。

$\frac{16}{5}$mが比べる量で，6mがもとにする量です。

6 同じ道のりを行くとき，かかる時間は速さに反比例します。道のりは60×25=1500(m)です。

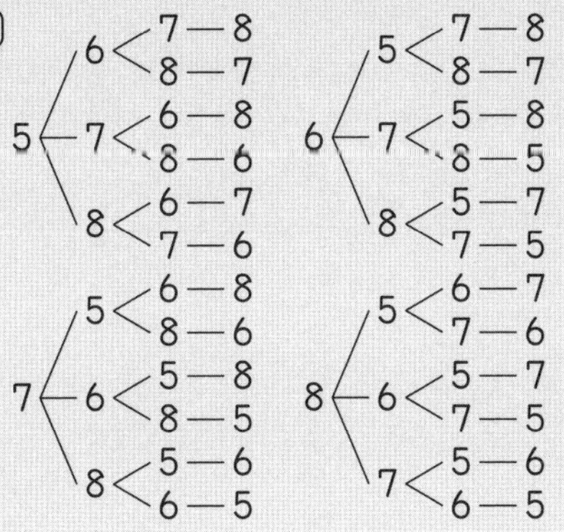

62 まとめ②
6年のまとめ②

P126·127

1 $2040-1800=240$
$240\div(130-90)=6$

答え　6個

2 ① 反比例します。
② $y=30\div x$
③ $2.5=30\div x$，$x=30\div 2.5$，$x=12$

答え　12cm

3 ① 25m以上30m未満
② 4人
③ 30m以上35m未満

4 コーヒーの量をxmLとすると
$3:10=x:500$，$x=150$
$500-150=350$
$\left[500\times\frac{3}{10}=150,\ 500\times\frac{7}{10}=350\right]$

答え　コーヒー…150mL，牛乳《ぎゅうにゅう》…350mL

5 $5\div 2=\frac{5}{2}$，$90\times\frac{5}{2}=225$
〔$90\div 2=45$，$45\times 5=225$〕

答え　225km

6 10通り

解き方

1 最初に，合計の代金(2040円)と1個90円のオレンジを20個買ったときの代金(1800円)の差を求めます。1個130円のオレンジが1個増えると，130−90=40で，40円増えるので，その差(2040−1800)を40でわって，130円のオレンジの個数を求めます。

2 ① x《エックス》の値《あたい》が2倍，3倍，…になると，それにともなってy《ワイ》の値《あたい》が$\frac{1}{2}$倍，$\frac{1}{3}$倍，…になっているので，反比例しています。
② 「y=きまった数÷x」の式で表します。
③ ②の式のy《ワイ》に2.5をあてはめて底辺の長さを求めます。

4 コーヒーの量を3，牛乳《ぎゅうにゅう》の量を7とすると，全体の量は，3+7=10と表せます。

5 自動車が走る道のりは，時間に比例します。時間が$5\div 2=\frac{5}{2}$で，$\frac{5}{2}$倍になるので，道のりも90kmの$\frac{5}{2}$倍になります。

6

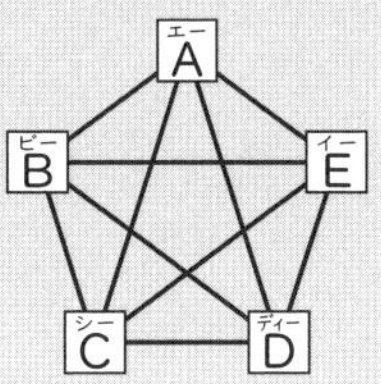

2302R1